FRANK SCHÄFER · FISCH-FIBEL

Frank Schäfer

Fisch-Fibel

Die besten Aquarienfische für Einsteiger

Dähne Verlag

Fotonachweis:
Alle Fotos, außer den besonders gekennzeichneten, sind vom Autor.
Zeichnungen: Thorsten Hardel
Titelfoto: © inubi – stock.adobe.com

Bibliografische Information der Deutschen Nationalbibliothek

Die Deutsche Nationalbibliothek verzeichnet diese Publikation in der
Deutschen Nationalbibliografie; detaillierte bibliografische Daten sind
im Internet über http://dnb.dnb.de abrufbar.

ISBN 978-3-944821-75-7
© 2021 Dähne Verlag GmbH, Postfach 10 02 50, 76256 Ettlingen

Druck: W. Kohlhammer Druckerei GmbH + Co. KG
Printed in Germany

Vorwort

So viele bunte Fische! Die Qual der Wahl ist groß, wenn man voll Elan und Begeisterung den Besatz für das erste Aquarium plant. Aber wer passt zu wem? Wie groß werden die Tiere? Sind es Einzelgänger, sollte man sie als Pärchen oder in der Gruppe pflegen? Und was fressen sie? Auf all diese Fragen finden Sie hier Antworten.

Diese Fibel ist ein Begleiter und Berater für den Fischeinkauf, in dem bewährte und unempfindliche Arten vorgestellt werden, mit denen nach menschlichem Ermessen wenig Probleme zu erwarten sind. Fast alle in diesem Buch vorgestellten Fische kann man frei miteinander kombinieren. Zwei Sonderfälle – Malawisee-Buntbarsche und Goldfische – die wegen ihres prächtigen Aussehens für viele unwiderstehlich sind, aber aus mehreren Gründen nicht gut mit anderen Fischen gemeinsam gepflegt werden sollten, werden mit ihren Besonderheiten besprochen, damit auch ihre Pflege von Anfang an zur reinen Freude werden kann. So versteht sich dieser Fisch-Führer als Ergänzung, nicht als Ersatz für ein allgemeines Buch über die Pflege und den Betrieb eines Aquariums.

Viel Freude an Ihren neuen Fischen
wünscht Ihr

Frank Schäfer

Frank Schäfer, Jahrgang 1964, Biologe, seit frühester Jugend Tier- und Pflanzenhalter aus Leidenschaft. Sein besonderes Interesse gilt seit jeher den Fischen, aber Reptilien, Amphibien, Wirbellose, Kleinsäuger und Vögel sowie eine Vielzahl von Pflanzen begeistern ihn ebenso. Er arbeitet seit über 25 Jahren als wissenschaftlicher Angestellter bei einem der weltweit größten Zierfischgroßhändler, Aquarium Glaser, und als Chefredakteur beim Aqualog Verlag. Er ist Autor von über 20 Büchern und mehr als 400 größeren Fachartikeln in deutsch-, englisch- und französischsprachigen Fachmagazinen, hat einen wöchentlichen Blog, betreut den Internetauftritt von Aquarium Glaser und Aqualog, hält jedes Jahr viele Vorträge, ist Mitglied in mehreren aquaristischen Vereinigungen und reiste auf den Spuren der Fische schon um die halbe Welt. ■

Foto: © inubi – stock.adobe.com®

Inhaltsverzeichnis

Welche Fische für mein Aquarium?

Ich möchte mir ein Aquarium kaufen und plane den Fischbesatz. Das Angebot im Zoofachgeschäft erscheint überwältigend – eine Art ist schöner als die andere. Aber welche eignet sich für mein Aquarium, welche Arten kann ich miteinander kombinieren, wer verträgt sich mit wem?

Gegenwärtig (Januar 2021) sind 35.734 Fischarten wissenschaftlich bekannt. Jährlich werden einige Hundert neue Arten entdeckt und beschrieben. Etwa die Hälfte dieser Arten lebt im Süßwasser, obwohl nur drei Prozent der Wasservorkommen auf diesem Planeten Süßwasser sind und der Rest Meerwasser ist. Theoretisch kann man jede Fischart im Aqua-

rium pflegen und züchten, aber der dafür zu treibende Aufwand ist höchst unterschiedlich. Ein acht Meter langer Walhai stellt andere Ansprüche als ein drei Zentimeter langer Guppy. Darum sind bisher, also in den rund 150 Jahren seit man Fische im Aquarium pflegt, auch „nur" etwa 4.000 Arten überhaupt jemals in privaten Aquarien gepflegt worden, etwa 20 Prozent davon trifft man bei spezialisierten Liebhabern ab und zu an, im Zoofachhandel sind jedoch nur etwa 80 bis 100 Arten ständig anzutreffen, nämlich die bewährtesten und beliebtesten Arten mit ihren zahlreichen Zuchtformen. Eine Auswahl aus diesem Standardsortiment stelle ich hier vor.

Meine Auswahlkriterien sind dabei folgende:

- Die Fischart muss grundsätzlich friedfertig sein, sich also sowohl mit Artgenossen als auch mit anderen Fischarten prinzipiell vertragen.

- Sie darf keine besonderen Ansprüche an die chemische Zusammensetzung des Wassers stellen, sollte also in jedem als Trinkwasser geeigneten Leitungswasser gedeihen.

- Mit handelsüblichem Marken-Flockenfutter als Alleinfuttermittel sollten die Fische vollwertig zu ernähren sein.

- Auch ausgewachsen und in hohem Alter sollten die Tiere eine Größe haben, die lebenslange Pflege in einem handelsüblichen Standardaquarium von 60, 80 oder 120 Zentimeter Kantenlänge erlaubt.

- Die Art sollte normalerweise immer im Zoofachhandel vorrätig sein.

Davon abweichend wird nur eine Gruppe vorgestellt, nämlich die Buntbarsche des Malawisees in Afrika. Diese sehr bunten Tiere, auch „Korallenfische des Süßwassers" genannt, sind oft aggressiv und stellen bestimmte Ansprüche an die Wasserverhältnisse. Dennoch können auch sie in meinem ersten Aquarium schwimmen, wenn ich nur bereit bin, ihre Ansprüche zu erfüllen. Wie das geht, erkläre ich im entsprechenden Kapitel.

Die Pflege des Aquariums

Dieser Fischführer der bewährten Aquarienfische kann und will kein Handbuch zum Betrieb eines Aquariums ersetzen. Die beschriebenen Pflegemaßnahmen sind hier summarisch zusammengefasst, damit bei der Vorstellung der verschiedenen Arten nicht ständig ermüdende Wiederholungen nötig werden.

Fische als Haustiere stellen völlig andere Ansprüche als Hunde, Katzen, Meerschweinchen oder Wellensittiche. Sie fordern keine Beschäftigung durch den Menschen, sondern die Pflegemaßnahmen des Besitzers zielen darauf ab, die Umweltbedingungen der Fische in optimalem Zustand zu halten.

Die technische Ausstattung des Aquariums will ich hier nur ganz oberflächlich erwähnen. In den meisten Fällen benötigt man eine Heizung – die meisten Fischarten, die ich hier empfehle, stammen aus den Tropen und brauchen eine Wassertemperatur zwischen 24 und 28 °C. Ein Filter – es gibt ihn in vielen Ausführungen, als Innen- und als Außenfilter, luft- oder motorbetrieben – sorgt für optisch klares Wasser und hilft dabei,

Sauerstoffmangel zu verhindern. Die Beleuchtung ermöglicht Pflanzenwuchs unabhängig von der Nähe zu Fenstern.

Die wichtigste tägliche Pflegemaßnahme ist daher:

Überprüfen der Technik, ob alles einwandfrei funktioniert. Dafür benötigt man etwa zwei Minuten.

Fütterung

Fische sind wechselwarme Tiere, ihre Körpertemperatur entspricht der Wassertemperatur in ihrem Lebensraum. Sie brauchen daher im Verhältnis zu ihrer Körpermasse viel weniger Nahrung als wir Menschen. Bei uns geht der allergrößte Teil der aufgenommenen Kalorien dafür drauf, unsere Körpertemperatur stabil im Bereich von ca. 37 °C zu halten. Fische haben kein Hungergefühl, weil sie wechselwarm sind. Sie fressen grundsätzlich, was sie kriegen können, und zwar so viel, wie hineingeht.

In der Natur herrscht immer Futtermangel, weshalb die in freier Natur lebenden Artgenossen im Vergleich zu ihren Vettern im Aquarium immer ziemlich dürr wirken. Kleiner sind sie außerdem. Fische haben also weder ein Hunger- noch ein Sättigungsgefühl. Wenn ich glaube, dass sie „um Futter betteln", ist das eine Fehlinterpretation ihres Verhaltens. In Wirklichkeit ist das „Futterbetteln" kein Anzeichen von Hunger, sondern einfach nur eine an das Aquarienleben angepasste Form der Futtersuche. Da im Fischalltag die Futtersuche notwendigerweise den größten Teil der Aktivitätsperiode einnimmt (dieses Verhalten ist angeboren und kann nicht verändert werden), erscheinen dem Laien Fische immer hungrig. Überfütterung ist der häufigste Anfängerfehler bei der Fischhaltung und die häufigste Todesursache von Aquarienfischen. Da die meisten Fische, die im Aquarium gepflegt werden, keinen richtigen Magen haben, können sie nicht auf Vorrat fressen. Die richtige Fütterung mit Flockenfutter ist daher: pro Mahlzeit nur so viel füttern, wie die Fische nach spätestens fünf Minuten restlos aufgefressen haben. Idealerweise gibt man diese Futtermenge auf zwei bis drei Fütterungen über den Tag verteilt.

Ansonsten braucht man nichts zu tun, man darf in Ruhe seine Fische beobachten und den Anblick des Aquariums genießen!

Die zweitwichtigste tägliche Pflegemaßnahme ist daher:

Zwei- bis dreimal täglich so viel füttern, wie nach wenigen Minuten restlos aufgefressen wird.

Wasserwechsel

Einmal pro Woche wird es arbeitsintensiv – wenngleich ein Aquarium viel weniger Arbeit macht als die Pflege anderer Haustiere. Aber jede Woche muss ich die Vorderscheibe von innen putzen, damit sich kein lästiger Algenbewuchs einstellt. Und einmal pro Woche müs-

sen mindestens 20 Prozent (höchstens 80 Prozent) des Aquarienwassers gegen Frischwasser aus der Leitung ausgetauscht werden. Im Wasser reichern sich unsichtbare Schadstoffe an, die die Fische krank machen. Um das zu verhindern, muss man sich unbedingt an den regelmäßigen wöchentlichen Teilwasserwechsel gewöhnen.

An dieser lästigen, aber unumgänglich notwendigen Arbeit entscheidet sich, wie groß das Aquarium sein sollte, das ich mir anschaffe. Bei einem 60-Zentimeter-Aquarium muss ich zwei Eimer Wasser pro Woche tauschen, das ist

in zehn Minuten erledigt. Bei einem 120-Zentimeter-Aquarium mit rund 450 Liter Inhalt muss ich mindestens 90 Liter (= 9 Eimer) pro Woche tauschen, das dauert rund eine Stunde. Bei einem richtig großen Aquarium mit z. B. 1.000 Liter Inhalt sind jede Woche 200 Liter zu wechseln, also 20 Eimer, dafür muss ich zwei bis drei Stunden einplanen! In großen Aquarien kann ich zwar mehr und größere Fische pflegen als in kleinen, aber sie machen auch objektiv mehr Arbeit, das muss ich unbedingt bei der Planung bedenken. Das Frischwasser muss in etwa die gleiche Temperatur haben wie Wasser, das bereits im Aquarium ist. Zwei bis drei Grad Unterschied nach oben oder unten schaden nicht, mehr sollte es aber nicht sein.

Vor dem Wasserwechsel müssen unbedingt alle Stecker von Elektrogeräten, die sich im Aquarium befinden, gezogen werden. Der Heizstab kann platzen, wenn er trockenfällt, der Filter trockenlaufen und kaputt gehen.

Einmal im Monat kommen weitere ein bis zwei Stunden Pflegearbeit auf mich zu, denn dann muss der Filter gereinigt und die Bepflanzung zurückgeschnitten werden.

Alles in allem muss ich für ein Aquarium pro Tag also etwa fünf Minuten, pro Woche zehn Minuten bis einige Stunden (je nach Aquariengröße) und pro Monat weitere ein bis zwei Stunden Arbeit einplanen.

Und im Urlaub?

Da fallen für den netten Nachbarn, der das Aquarium versorgt, nur die täglichen fünf Minuten für den Check und eventuell eine kleine Fütterung an. Nicht vergessen: Eine Nummer für Notfälle hinterlassen!

Da Nachbarn jedoch gerne überfüttern und somit eine Katastrophe auslösen, ist es bei Kurzurlauben bis zu drei Wochen meist sinnvoller, gar nicht zu füttern. Hunger leiden die Fische dabei nicht, und im Regelfall haben sie genug Fettreserven für ein paar Wochen. Den fehlenden Wasserwechsel überstehen sie auch, zumal ja wegen der reduzierten oder ausbleibenden Fütterung der Schadstoffgehalt nur mäßig ansteigt.

Wenn man aus dem Urlaub kommt, Wasserwechsel macht und wieder füttert, so bedeutet das in der Erlebenswelt der Fische: Die Trockenzeit ist vorüber. Häufig löst das das Fortpflanzungsverhalten aus (alle Aquarienfische laichen in der Natur in der Regenzeit) und meine Fische erstrahlen in ihren schönsten Farben – gibt es ein schöneres „Willkommen zurück"?

Die Behandlung von Flockenfutter

Eine falsche Anwendung und Aufbewahrung von Flockenfutter, dem Hauptnahrungsmittel der hier beschriebenen Aquarienfische, ist die Hauptursache für kranke und kümmernde Fische. Man glaubt ja gar nicht, wie viel man dabei falsch machen kann, und das beginnt bereits beim Einkauf. Ich verwende ausschließlich Markenfutter. Welche Marke, ist dabei nicht so wichtig. Markenloses und schlecht verpacktes Billigfutter ist kein geeignetes Futter. Markenfutter enthält viele lebenswichtige Vitamine, Spurenelemente und mehrfach ungesättigte Fettsäuren (HUFAs). Diese Zusatzstoffe sind teuer und für die Fische lebenswichtig, fehlen jedoch im Billigfutter. Jedes Flockenfutter hat zudem als Nährstoffe Kohlenhydrate, Fette und Eiweiße. Fische können nur bestimmte Eiweiße und Fette verdauen, wie sie z. B. in Fisch, Krustentieren, Mollusken und Insekten vorkommen, während Fette und Eiweiße aus Säugetierfleisch und Geflügel für sie weitgehend unverdaulich sind. In Billigfutter werden für die Eiweiße und Fette aber oft Schlachthausabfälle verwendet. Das sorgt bei den Fischen nicht nur für schlimme Mangelerscheinungen, sondern belastet auch das Aquarienwasser gewaltig, da diese Futterbestandteile praktisch unverdaut wieder ausgeschieden werden.

Aber Markenflockenfutter muss nach dem Kauf auch richtig aufbewahrt werden, denn Vitamine und HUFAs sind äußerst empfindlich gegen Licht, Wärme und Sauerstoff. Verkaufsverpackungen von Markenflockenfutter sind daher vakuumiert. Mit dem Öffnen der Dose beginnt der Verfallsprozess. Je wärmer, heller und feuchter die Dose steht, desto schneller verdirbt das Futter. Es wird beim Verderben nicht unbedingt giftig, aber verliert ungeheuer an Nährwert. Dann kümmern auch bei der Verwendung von bestem Futter die Fische vor sich hin. Der ideale Aufbewahrungsort für Flockenfutter sind Kühlschrank

oder Tiefkühltruhe, der allerschlechteste die Beleuchtungsabdeckung des Aquariums. Als Faustregel gilt: Eine angebrochene Futterdose sollte nach spätestens vier Wochen aufgebraucht sein. Größere Gebinde sind meist preiswerter als kleine. Wenn ich solche kaufe, portioniere ich das Futter und friere die Portionen für je vier Wochen in der Tiefkühltruhe ein. So gelagert ist Markenflockenfutter praktisch unbegrenzt haltbar. Aber natürlich achte ich bereits beim Einkauf auf das Mindesthaltbarkeitsdatum. Man kann bedenkenlos direkt aus der Tiefkühltruhe füttern, aber beim Auftauen der Vier-Wochen-Ration muss ich aufpassen, dass das Futter keine Feuchtigkeit durch Kondenswasser zieht.

Feuchtigkeit ist nach Licht und Sauerstoff der Hauptfeind des Flockenfutters. Feuchtigkeit zerstört nicht nur wichtige Futterbestandteile, sie ermöglicht es auch unsichtbaren Schimmelpilzen und Bakterien, sich im Futter anzusiedeln. Wenn die Fische verschimmeltes Futter bekommen (wie gesagt, man sieht und

riecht das nicht), dann ist das fatal. Niemals sollte ich darum mit den Fingern in die Dose greifen. Stattdessen schütte ich aus der Dose die benötigte Futtermenge in den Deckel und leere sie dann in das Aquarium. Ich könnte das Futter auch direkt aus der Dose ins Aquarium schütten, aber es passiert dabei immer mal wieder, dass zu viel Futter in das Aquarium gerät und das ist schlecht. Der Umweg über den Dosendeckel vermeidet solche Pannen.

Kranke Fische

Gesund wie ein Fisch im Wasser? Von wegen. Fische können eine Menge Krankheiten bekommen: da wären die klassischen Krankheitserreger, also Viren, Bakterien, Einzeller, Würmer und noch manche mehr, Fische können aber auch, genau wie wir, an Krebs erkranken oder an Organschäden. Die Vermeidung von Krankheiten funktioniert im Wesentlichen wie bei uns Menschen auch: Gesunde Ernährung und Aufenthalt in einem gesunden Umfeld sind die halbe Miete. Darum habe ich so viel Wert auf den regelmäßigen Teilwasserwechsel und die richtige Handhabung von Flockenfutter gelegt. Gefährlich wird es immer dann, wenn neue Fische zu meinem alten Bestand hinzukommen sollen. Meine ‚alten‘ Fische sind, auch wenn sie kerngesund sind, Träger von Krankheitserregern, die sie allerdings nicht krank machen und genauso ist es auch bei den Neuankömmlingen. Negativer Stress wirkt sich auf das Immunsystem aus, das ist bei Fischen nicht anders als bei uns Menschen. Aus der Sicht eines Fisches ist das Herausfangen, der Transport und das Einsetzen in das neue Aquarium negativer Stress, wie er in freier Natur z. B. bei Hochwasser oder Unwettern auftritt. In der Folge können Krankheiten ausbrechen. Aufgrund einer besonderen Eigenschaft der Fische brechen die Krankheiten oft mit starker zeitlicher Verzögerung aus. Eine Unterkühlung kann z. B. zunächst scheinbar folgenlos sein, kann jedoch nach zehn Tagen eine – unbehandelt tödliche – Pünktchenkrankheit auslösen. Ich denke dann schon gar nicht mehr an die Unterkühlung und wundere mich, warum meine Fische plötzlich krank werden. Ist die Krankheit erst einmal bei einem Fisch ausgebrochen, überfluten solche Massen von Krankheitserregern das Aquarium, dass alle anderen Fische auch krank werden. Die beste Vorbeugung gegen so etwas ist ein Quarantäneaquarium. Hier hinein kommen alle Neuzugänge für mindestens zehn Tage. Das Quarantäneaquarium fülle ich zur Hälfte mit Wasser aus meinem normalen Aquarium und zur Hälfte mit Frischwasser; so stelle ich sicher, dass die neuen Fische mit den Krankheitserregern meiner alten Fische konfrontiert werden. Entwickelt sich eine Krankheit, kann sie im Quarantäneaquarium behandelt werden, ohne dass sich mein

kennen). Zeigen sich Anzeichen einer Infektion (weiße Pünktchen, trübe Haut, weißliche Beläge auf dem Körper, trübe Stellen in den Flossen, zerfaserte Flossensäume, die Fische scheuern sich oder klemmen die Flossen, beschleunigte Atmung), dann muss ich sofort (!) durch einen in Fischheilkunde erfahrenen Tierarzt oder Aquarianer eine Diagnose stellen lassen. Das geht nur mit einem guten Mikroskop. Steht die Diagnose fest, muss spezifisch behandelt werden. Ich muss mir dabei immer vor Augen führen: Jede wirksame Medizin hat auch Nebenwirkungen. Ein falsches Medikament richtet nur Schaden an.

Glücklicherweise sind die bewährten Fischarten, die ich hier vorstelle, unter anderem deshalb im eisernen Bestand der Zoofachhandlungen, weil sie sehr stressresistent sind und nur vergleichsweise selten erkranken.

Altbestand ansteckt. Wenn ich kein Quarantäneaquarium aufstellen kann, muss ich unbedingt zehn bis vierzehn Tage nach der Ankunft neuer Fische meine Tiere jeden Tag sehr genau unter die Lupe nehmen (das ist durchaus wörtlich zu nehmen, eine Lupe und eine Taschenlampe sind hervorragende Hilfsmittel, um eine beginnende Infektion frühzeitig zu er-

Wie viele Fische passen in mein Aquarium?

Die Verlockung ist groß, viele Fische in das Aquarium zu setzen. Die Folge von zu hohem Fischbesatz ist eine hohe Belastung mit Schadstoffen, was zu heftigem Algenwachstum und zu Krankheitsausbrüchen bei den Fischen führt. Verbindliche Angaben, wie viele Fische ich in das Aquarium setzen kann, ohne dass

solche Folgen auftreten, lassen sich kaum machen, denn jedes Aquarium reagiert individuell etwas unterschiedlich.

Die alte Faustregel für Kleinfische von ca. zwei bis ca. acht Zentimeter Länge gilt: pro Zentimeter Fisch ein bis zwei Liter Wasser (da die Körpermasse von vier zwei Zentimeter langen Fischen weit geringer ist als die eines acht Zentimeter langen Fisches, rechnet man bis ca. fünf Zentimeter Länge mit einem, darüber mit zwei Litern).

Neben der Besatzbegrenzung wegen sonst zu hoher Schadstoffbelastung muss man aber auch das Schwimmbedürfnis und das Sozialverhalten berücksichtigen. Die bunten Friedfische des freien Wassers (Barben, Bärblinge, Salmler, Regenbogenfische, Lebendgebärende) müssen in Gruppen von fünf bis zehn Exemplaren gepflegt werden und die untere Aquariengröße beträgt das Zehnfache der Länge eines Fisches, damit die Tiere ihren Bewegungsdrang ausleben können.

So ergibt sich rechnerisch sehr leicht: Platys werden fünf Zentimeter lang, also sollte ihr Aquarium mindestens 50 Zentimeter lang sein. Ein Aquarium 50 x 25 x 25 Zentimeter fasst rund 30 Liter Wasser, wenn keine weiteren Fische im Aquarium sind, können demnach sechs erwachsene Platys darin leben. Wenn ich ein 60 Zentimeter langes Aquarium habe (rund 50 Liter), kann ich zu den sechs Platys z. B. noch drei Panzerwelse und ein Pärchen Antennenwelse setzen. Es wäre aber unabhängig von der Literzahl ungünstig, in einem so

kleinen Aquarium zu einem Trupp Platys weitere Freiwasserfische zu setzen, da diese mit den Platys in Konkurrenz treten würden. Das bedeutet Stress für beide Arten und tut auf Dauer nicht gut. Habe ich ein 120 Zentimeter langes Aquarium (rund 450 Liter), kann ich dagegen sehr gut zwei Trupps unterschiedlicher Freiwasserfische pflegen, z. B. Purpurkopfbarben und Bitterlingsbarben. Es dürfen dann auch gerne zehn bis fünfzehn Tiere pro Art sein und es bleibt trotzdem noch genug Platz für weitere Arten (Bodenfische, Oberflächenfische). Grundsätzlich sollte ich lieber mehr Exemplare von wenigen Arten pflegen, als ein buntes Sammelsurium weniger Exemplare vieler Arten, die sich nur gegenseitig stören. Das macht weder den Tieren noch dem Pfleger Freude.

Wie groß werden meine Fische?

Fische wachsen ihr gesamtes Leben lang, aber nach Eintritt der Geschlechtsreife (die ca. bei Halbwüchsigkeit eintritt) nur noch langsam und im Alter nur noch im Bereich von Zehntel-Millimeter pro Jahr. Diese Eigenschaft macht es unmöglich, die exakte Größe anzugeben, die ein Fisch erreichen kann. In der Literatur hat es sich eingebürgert, die größte je gemessene Länge als Endgröße anzugeben, aber das ist Unfug. Das ist so, als gäbe man als normal erreichbare Größe des Menschen 2,72 Meter an – so groß war der größte Mensch, Robert Wadlow. Im Aquarium leben Fische fünf- bis zehnmal so lange wie in der Natur, sie werden darum im Aquarium immer größer als dort. Wie groß eine Fischart letztendlich wird, hängt von sehr vielen Faktoren ab. Bei den Fischen, die in diesem Buch besprochen werden, gebe ich als Normalgröße den Wert an, der bei über 99 Prozent der Tiere zu erwarten ist und zusätzlich die in der Literatur genannte Maximalgröße.

Barben und Bärblinge

Barben und Bärblinge sind eine Fischgruppe mit vielen Hundert Arten, und einige von ihnen werden seit Beginn der Aquarienkunde gepflegt und gezüchtet. Es gibt sie in Europa, Asien, Afrika und Nordamerika, sie fehlen in Mittel- und Südamerika und in Australien. Alle ständig im Zoofachhandel vertretenen Arten stammen aus den Tropen und Subtropen Asiens.

In zoologisch-systematischer Hinsicht gehören die Barben und Bärblinge zu den Karpfenfischen, sind also Verwandte des Karpfens. Die beliebtesten Arten werden zwischen drei und acht Zentimeter groß, einige auch über 50 Zentimeter lang. Deshalb muss ich mich gut informieren, welche Größe eine Art erreichen kann. Barben und Bärblinge unterscheiden sich nur in der Körperform, die Aquarianer nennen kleine Karpfenfische, deren Maul nach unten gerichtet ist und die ihre Nahrung in der Natur eher am Boden suchen, Barben und solche, deren Maul eher nach oben gerichtet ist und die in der Natur ihre Nahrung eher an der Wasseroberfläche suchen, Bärblinge. Wirklich scharf ist diese Trennung aber nicht, und es gibt zahlreiche Zwischenstufen.

Sumatrabarben sollten in einer möglichst großen Gruppe gehalten werden.

Als Einzeltiere fühlen sich Barben und Bärblinge nicht wohl, sie leben am besten in der Gruppe. Sie brauchen den Sichtkontakt zu Artgenossen, um sich sicher zu fühlen, denn sie haben sehr viele natürliche Feinde. Zumindest im Aquarium kennen sich die Tiere auch individuell und bauen eine soziale Ordnung untereinander auf. Wir müssen sie also im Trupp von mindestens fünf Exemplaren pflegen, damit sie ihre angeborenen Verhaltensweisen auch im Aquarium ausleben können und ein erfülltes Dasein haben.

Männchen und Weibchen unterscheiden sich äußerlich nur wenig. Die Weibchen werden etwas größer und sind wegen der Eier im Bauch dicker. Gewöhnlich sind die Männchen auch bunter gefärbt. Die Männchen streiten (harmlos) untereinander um die Gunst der Weibchen und erstrahlen dann in ihren herrlichsten Farben. Darum sollte ich, um vielfältige Beobachtungsmöglichkeiten zu haben, einen Trupp möglichst aus drei Männchen und zwei Weibchen bilden – bei größeren Trupps entsprechend im Geschlechterverhältnis 3:2. Aber für die Fische kann es auch jede denkbare andere Kombination sein, auch reine Herren- und reine Damen-Gesellschaften vertragen sich.

Alle Barben und Bärblinge pflanzen sich durch Eierlegen fort, die Eianzahl reicht von ca. 50 bei den kleinsten Arten bis zu vielen Tausend bei den größeren. Die Eier werden in oder an Pflanzen abgelegt. Brutpflege betreiben Barben und Bärblinge nicht, im Gegenteil, Eier und Jungfische – auch die eigenen – sind eine

Liebling vieler Aquarianer, die Odessabarbe

Auch wenn aufgewirbelter Mulm kurzfrstg etwas Trübung verursacht: Barben brauchen ihn zum Leben. Hier eine Indische Hochflossenbarbe.

Delikatesse für sie. Zu unerwünschten Vermehrungen kommt es im Aquarium daher nicht. Für Barben, nicht aber für Bärblinge, spielt der sogenannte Mulm eine wichtige Rolle bei der Ernährung. Mulm ist der „Dreck", der sich im Aquarium aus Kot und abgestorbenen Pflanzenteilen bildet. Man kann Mulm ganz gut mit Kompost vergleichen, wie Kompost ist Mulm ein Gewimmel von mikroskopisch kleinen Lebewesen, die aus den gammeligen Resten noch ihre Nahrung ziehen. Ein Barbenaquarium darf darum nicht absolut sauber sein. Barben und Bärblinge werden mehrere Jahre alt. Die meisten hier vorgestellten Arten leben in der mittleren Zone des Aquariums, Abweichungen hiervon werden bei den Artbeschreibungen erwähnt.

Barben und Bärblinge können grundsätzlich mit allen in diesem Buch empfohlenen Fischarten kombiniert werden (Ausnahme: Sumatrabarbe). Sie werden im Trupp ab fünf Exemplaren pro Art gepflegt. Aquarien für Barben sollten so gefiltert werden, dass sich an einigen Stellen Mulm („Dreck") ansammeln kann. Die Aquarienlänge sollte das Zehnfache der maximal zu erwartenden Fischlänge nicht unterschreiten.

Prachtbarbe

Größe: 6-8 cm
Temperatur: 15-26 °C

Prachtbarben stammen aus dem Ganges und Brahmaputra in Indien und werden normalerweise sechs Zentimeter lang, die Maximalgröße sehr alter Tiere, die in sehr großen Aquarien leben, liegt bei acht Zentimetern. In der Natur sind Prachtbarben vier bis fünf Zentimeter lang. Prachtbarben werden seit über 100 Jahren im Aquarium gezüchtet und es gibt außer der Wildform, bei der das Männchen rot ist, das Weibchen aber grün, auch neonfarbene Zuchtformen, eine goldene und alle anderen Zuchtformen gibt es mit normalen und mit Schleierflossen. Alle Zuchtformen vertragen sich untereinander gut, und so kann ich mit einer einzigen Art ein sehr

Männchen der goldfarbenen Variante.

buntes Aquarium haben. Die Temperatur sollte bei 15-26 °C im jahreszeitlichen Rhythmus liegen; Temperaturveränderungen von mehr als 2-3 °C müssen sehr allmählich, über einen Zeitraum von mehreren Wochen erfolgen.

Ein Paar der neonfarbenen Zuchtform mit Schleierflossen.

Zebrabärbling und Leopardbärbling

Größe: 3-5 cm
Temperatur: 15-26 °C

Der Zebrabärbling kommt in der Natur zusammen mit der Prachtbarbe vor und beide Arten eignen sich perfekt für eine gemeinsame Pflege, wenn das Aquarium groß genug ist. Der Zebrabärbling bleibt aber viel kleiner als die Prachtbarbe, er wird in der Natur nur drei Zentimeter lang, im Aquarium gewöhnlich vier Zentimeter, nur riesige Exemplare kratzen an der Fünf-Zentimeter-Marke. Der Zebrabärbling ist das wichtigste Labortier für medizinisch-genetische Untersuchungen und der erste Fisch, dessen komplettes Erbgut entschlüsselt wurde. Neben der gestreiften Form gibt es auch eine getupfte, den Leopardbärbling, von beiden gibt es normalflossige und schleierflossige Tiere und von beiden gibt es eine goldene

Zebrabärbling in der Normal- und der Schleierform.

Zuchtform. Der Zebrabärbling lebt im oberen Wasserdrittel des Aquariums.

Männchen der goldfarbenen Form des Zebrabärblings und ein Leopardbärbling in der Schleierform.

Odessabarbe

Größe: max. 6 cm
Temperatur: 15-26 °C

Die Odessabarbe stammt aus Burma. Sie ist in allen aquaristischen Belangen mit der Prachtbarbe vergleichbar, allerdings gibt es von der Odessabarbe keine Zuchtformen, sie ist von Natur aus schön genug. Sie bleibt etwas kleiner als die Prachtbarbe, etwa sechs Zentimeter sind die Obergrenze. Jungtiere und Weibchen haben nicht den rubinroten Längsstreifen.

Weibchen (Bild oben) und Männchen der Odessabarbe.

Brokatbarbe

Größe: 6-8 cm
Temperatur: 20-26 °C

Die genaue Herkunft der Brokatbarbe ist unbekannt. Es handelt sich um eine in der Natur nicht vorkommende Zuchtform, die gegen Ende des 2. Weltkrieges in den USA gezüchtet wurde. Die normale Größe der Brokatbarbe ist ca. sechs Zentimeter, ich habe jedoch auch schon wahre Riesen von fast acht Zentimeter Länge gesehen. Die verschiedenen Zuchtstämme der Brokatbarbe unterscheiden sich hauptsächlich im Schwarzanteil auf dem Körper, seit einigen Jahren wird auch eine weiß-gelb gescheckte Variante als „Koi-Brokatbarbe" angeboten. Es handelt sich dabei um die gleiche Art.

Weiß-gelb gescheckt sind die sogenannten Koi-Brokatbarben.

Purpurkopfbarbe

Weibchen
und Männchen
(Bild unten)
der Purpurkopf-
prachtbarbe.

Größe: ca. 6 cm
Temperatur: 20-26 °C

Diese schöne Barbe wird etwa sechs Zentimeter lang und stammt von der Insel Sri Lanka. Jungfische und Weibchen sind etwas unscheinbar, mit grauem Körper und senkrechten schwarzen Streifen, doch geschlechtsreife Männchen sind einfach nur wunderbar und scheinen von innen heraus tief dunkelrot zu glühen.

Bitterlingsbarbe

Größe: 4-5 cm
Temperatur: 20-26 °C

Sie stammt, wie die Purpurkopfbarbe, von Sri Lanka und beide Arten können perfekt miteinander gepflegt werden. Die Bitterlingsbarbe lebt etwas stärker in Bodennähe als die meisten anderen Arten. Von ihr gibt es bereits in der Natur verschiedene Farbformen. Manche davon sind eher braun, andere eher rot gefärbt. Je nachdem, welche Naturform die Basis für den Zuchtstamm bildete, ist auch dieser farblich unterschiedlich. Allerdings selektieren die meisten Züchter auf Rot. Seit einiger Zeit existiert eine schleierflossige Zuchtform, bei der interessanterweise nur die Schwanzflosse vergrößert ist, außerdem gibt es Albinos.

Oben: Wildform der Bitterlingsbarbe.

Mitte: Männchen der Zuchtform „Super Red".

Unten: Schleierform der Bitterlingsbarbe.

Eilandbarbe

Größe: 3,5-5 cm
Temperatur: 22-28 °C

Mit gewöhnlich 3,5 bis 4 Zentimeter (allerhöchstens fünf Zentimeter) Länge ist dieser niedliche Fisch, der von der Insel Sumatra stammt, eine ideale Art für kleinere Aquarien. Mit ihrem Perlmuttglanz wirkt sie am allerschönsten, wenn etwas Sonnenlicht in das Aquarium fällt, aber natürlich darf ein Aquarium niemals in der prallen Sonne stehen, das würde zu Überhitzung und gekochten Fischen führen. Die Männchen der Eilandbarbe haben orangefarbene Flossen; beide Geschlechter haben auf jeder Schuppe einen schwarzen Tupfen, die Männchen werden bei der Balz fast schwarz.

Je nach Lichteinfall sehen Eilandbarben unterschiedlich aus. Beide Bilder zeigen Männchen.

Sumatrabarbe

Wildfarbige Sumatrabarben.

Die moosgrüne Zuchtform wird „Moosbarbe" genannt.

Sumatrabarbe „Gold".

Größe: 5-6 cm
Temperatur: 22-28 °C

Bei der Sumatrabarbe, die gewöhnlich fünf, maximal sechs Zentimeter lang wird, gibt es etwas zu beachten, was für die bisher genannten Barben und Bärblinge nicht gilt. Sie ist nämlich so neugierig und verspielt, dass sie zur Landplage für andere Fische im Aquarium werden kann. Niemals darf ich Sumatrabarben (sie stammen übrigens von der Nachbarinsel Borneo, die „echte" Sumatrabarbe wird im Aquarium nur extrem selten gepflegt und taucht nie im Zoofachhandel auf) mit langflossigen oder schleierflossigen Fischen zusammenbringen. Die Sumatrabarben ruhen und rasten nicht, bis die Flossen abgebissen und völlig zerfleddert sind – und selbst dann machen sie weiter. Um diese unangenehme Eigenschaft der ansonsten wundervollen Fische nicht zu sehr zu fördern, hat es sich bewährt, sie trotz ihrer geringen Größe in möglichst großen Aquarien (ab 80 bis 100 Zentimeter Kantenlänge) in möglichst großen Trupps (15 bis 20 Exemplare) zu pflegen.

Man kann sie natürlich auch in einem 60-Zentimeter-Aquarium pflegen, aber bis auf ein paar Welse sollten dann keine anderen Fische im Aquarium sein. Von der Sumatrabarbe gibt es sehr viele Zuchtformen, z. B. die Moosgrünbarbe, Albinos, Platinbarben und noch mehr. Die Männchen haben einen höheren Rotanteil in der Färbung.

Keilfleckbärbling

Größe: 3,5-4,5 cm
Temperatur: 22-28 °C

Vor hundert Jahren, als dieser wunderschöne Fisch von der malaiischen Halbinsel erstmals für die Aquarienkunde importiert wurde (das geschah per Schiff, auf Hochseedampfern), bissen sich die Züchter an ihnen die Zähne aus. Diese sehr teure Kostbarkeit schien unzüchtbar, bis man erkannte, dass das Wasser eine bestimmte chemische Zusammensetzung haben muss, damit sich dieser Fisch fortpflanzt. Heutzutage wird der maximal 4,5 Zentimeter lange, gewöhnlich jedoch einen Zentimeter kleinere Keilfleckbärbling längst zu Millionen gezüchtet und ist preiswert in jedem Zoofachgeschäft zu haben. Es gibt mehrere Zuchtformen. Im Handel sind zudem drei weitere, sehr ähnliche Wildarten.

Männchen der Wildform.

Albinotische Form.

Zuchtform „Rosa-Gold".

Blaue Zuchtform.

Fünfgürtelbarbe

Größe: 4-5 cm
Temperatur: 22-28 °C

Diese hübsche Barbe von der malaiischen Halbinsel ist der Sumatrabarbe ähnlich, bleibt aber kleiner (gewöhnlich um vier, selten bis fünf Zentimeter) und ist bei Weitem nicht so nervig – aber halt auch nicht so unterhaltsam. Eine perfekte Gesellschaftsart zum Keilfleckbärbling, mit dem die Fünfgürtelbarbe auch in der Natur gemeinsam vorkommt.

33

Kardinalfisch

Schleierform des Kardinalfisches.

Kardinalfisch „Gold Longfin".

Größe: 3-5 cm
Temperatur: 10-26 °C

Wenn es um das „Kardinäl-chen" geht, kommen selbst alt-erfahrene Aquarianer ins Schwärmen. Dieser niedliche, normalerweise kaum drei, maximal ausnahmsweise fünf Zentimeter lange Bärbling stammt ursprünglich aus China, wo er in den Weiße-Wolken-Bergen gefunden wurde. Leider ist er durch Wasserverschmut-zung dort wohl ausgestorben, doch in Millio-nen von Aquarien weltweit hat die Spezies überlebt. Ganz junge Tiere leuchten derart intensiv, dass man sie „Arbeiterneon" nann-te, denn früher waren Neonfische so teu-er, dass sie sich ein normaler Arbeiter kaum leisten konnte. Das Kardinälchen ist fast ein Kaltwasserfisch und verträgt ein großes Tem-peraturspektrum – aber immer nur mit all-mählicher Anpassung. Es gibt goldene, rote und schleierflossige Zuchtformen und auch bei wildfarbenen Tieren mindestens zwei Stämme, die sich in der Färbung der Rücken-flosse unterscheiden.

Schillerbärbling

Größe: 4-6 cm
Temperatur: 22-26 °C

Der Schillerbärbling kam ursprünglich einmal von Sumatra zu uns. Er gleicht im Verhalten seinem engen Verwandten, dem Zebrabärbling, und belebt wie dieser das obere Wasserdrittel. Er wird gewöhnlich vier bis fünf Zentimeter lang, die Maximallänge beträgt etwa sechs Zentimeter. Wie bei der Eilandbarbe – für die der Schillerbärbling eine perfekte Gesellschaft ist – erstrahlt das Tier in leuchtenden Farben, wenn etwas Sonnenlicht in das Aquarium fällt. Unter Neon- oder LED-Licht wirkt er nicht so gut.

Weibchen (oben) und Männchen (unten) des Schillerbärblings.

Minor-Blutsalmler.

Salmler

Die Salmler sind die wichtigsten und dazu ideale Aquarienfische. Der dazu zählende Rote Neon ist weltweit der am häufigsten gepflegte Zierfisch und in Brasilien und Kolumbien, der Heimat dieses Tierchens, leben Tausende Familien direkt oder indirekt von ihm. Gleichermaßen züchten auf der ganzen Welt Berufszüchter Rote Neons. Es gibt diese Art also sowohl als nachhaltigen Wildfang wie als heimische Nachzucht. Aber Salmler sind äußerst formen- und artenreich (über 2.200 Arten) und viele sehen dem Roten Neon nicht einmal entfernt ähnlich. Es gibt sie in Afrika und Südamerika. Die kleinsten Arten werden nur knapp über einen Zentimeter lang, die größten weit über einen Meter. Die im Aquarium gepflegten Arten sind meist kleine, friedliche Gesellen, aber zu den Salmlern zählen auch die Piranhas und andere Raubfische, ebenso die meterlangen Pacus, deren Kiefer kräftig genug sind, um Paranüsse zu knacken. Auch solche Arten können als

Roter Phantomsalmler.

kleine Jungtiere in den Handel gelangen, darum ist es sehr wichtig, sich vor einem eventuellen Kauf gut zu informieren.

Den eigenartigen Namen „Salmler" haben die Tiere, weil fast alle Arten auf der Oberseite des Schwanzes eine kleine, strahlenlose, sogenannte Fettflosse haben. Dieses Merkmal haben sie mit den Lachsfischen (also Forellen, Saiblingen, Lachsen, Felchen etc.) gemeinsam. Als man vor ca. 270 Jahren begann, die Tierwelt zu klassifizieren, dachte man tatsächlich, die Salmler wären mit dem Lachs – auch als Salm bekannt – verwandt. Heute weiß man es besser, geblieben aber ist der Name Salmler.

Alle Salmler haben Zähne im Kiefer, die sehr unterschiedlich aussehen können. Manchmal sind es nadelspitze Fangzähne, manchmal (Piranhas) dreieckige, rasiermesserscharfe Schneidwerkzeuge, manchmal pflastersteinähnliche Gebilde. Selbst bei so kleinen Fischen wie den Roten Neons sehen die Zähne in starker Vergrößerung beeindruckend aus.

Bezüglich der Pflege der hier vorgestellten Arten gilt im Wesentlichen das Gleiche, was schon bei den Barben und Bärblingen gesagt wurde. Auch die aquaristisch bedeutsamen Salmler sind gesellige Fische, die mit Artgenossen interagieren, also in einer Gruppe von fünf Exemplaren aufwärts gepflegt werden sollten. Wie bei den Barben und Bärblingen spielt das Geschlechterverhältnis nur für den Pfleger eine Rolle, den Fischen ist das eher gleich. Doch die wundervoll anzusehenden, aber harmlosen Schaukämpfe der Männchen sollte man sich nicht entgehen lassen.

Ein besonders friedlicher Salmler ist der Wasserstieglitz.

Ein Beispiel für den Artenschutz durch die Aquaristik: In der Natur ist der Rote von Rio fast ausgestorben.

Alle hier gezeigten Salmler sind Eierleger an feinen Pflanzen, ohne weitergehende Brutpflege. Da die Eier (im Gegensatz zu den erwachsenen Fischen) spezielle Anforderungen an die chemische Zusammensetzung des Wassers stellen, damit sie sich entwickeln können, kommt es unter normalen Umständen nicht zu spontanen Vermehrungen, obwohl die Fische häufig ablaichen. Sie sind zudem starke Laichräuber, die mit großer Begeisterung den eigenen ‚Kaviar' verzehren. Im Gegensatz zu Barben brauchen Salmler keinen Mulm, jedenfalls nicht die in diesem Buch besprochenen Arten. Alle hier vorgestellten sind mit normalem Leitungswasser glücklich. In der Natur kommen sie in Gewässern vor, die von Torf und ähnlichen Substanzen tiefbraun gefärbt sind (Schwarzwasser). Dieses Wasser hat die Farbe von Kaffee. Die dafür verantwortlichen Stoffe nennt man Huminstoffe, und sie wirken wohltuend auf die Haut der Fische und haben auch noch manch andere positive Eigenschaft. Wer also besonders farbenprächtige und vitale Salmler im Aquarium haben möchte, der gibt ein paar tote Blätter (immer nur Herbstlaub, von heimischen Bäumen, z. B. Buche oder Eiche, im Handel zu kaufen gibt es Blätter des tropischen Seemandelbaums) und/oder Erlenzäpfchen ins Aquarium. Die Blätter dienen auch als Nahrungsergänzung. Sie zerfallen mit der Zeit und düngen so die Pflanzen. Dann gibt man neue Blätter ins Becken (ein Blatt auf zwanzig Liter, nicht mehr). Das ist auch für alle anderen Fische günstig, aber die Salmler lieben es!

Roter von Rio

Größe: 3-4 cm
Temperatur: 18-26 °C

Dieser Salmler ist ein wunderbares Beispiel für Artenschutz durch die Aquaristik. Der Fisch wurde in den 1920er-Jahren bei Rio de Janeiro gefunden, als Zierfisch exportiert (damals noch auf Überseedampfern) und etwas später als wissenschaftlich neue Art erkannt. Bis heute stammen alle Roten von Rio von diesen ersten Importtieren ab. Leider ist er durch Vernichtung der brasilianischen Küstenwälder in der Natur nahezu ausgestorben, doch im Aquarium überlebt er. Aufgrund seiner südlichen Verbreitung verträgt der Rote von Rio gut niedrigere Temperaturen von 18-20 °C, kann aber auch wärmer (bis 26 °C) gepflegt werden. Die Männchen sind schlanker und kleiner als die Weibchen und haben einen schwarzen Saum in der Afterflosse. Es gibt vom Roten von Rio eine gelb-orangefarbene Zuchtform.

Oben: Roter von Rio „Gold".

Roter von Rio, Männchen (links) und Weibchen.

Trauermantelsalmler

Größe: 6-8 cm
Temperatur: 18-26 °C

Der Trauermantelsalmler stammt ursprünglich aus dem Rio Paraguay in Südbrasilien und Paraguay. Er wird rund sechs Zentimeter, in Ausnahmefällen sogar bis zu acht Zentimeter groß und ist damit einer der größeren hier vorgestellten Salmler. Jungtiere bis vier Zentimeter Länge sind entzückende Kobolde, leider verliert sich die intensive Schwarzfärbung im Alter und kehrt nur noch bei der Balz zurück. Die Naturform ist ein herrlicher Kontrastfisch zum Roten von Rio und passt auch wegen der Temperaturansprüche gut zu ihm. Es gibt vom Trauermantelsalmler eine langflossige Zuchtform, eine weiße und eine Albino-Form mit roten Augen.

Zwei junge Trauermantelsalmler.

Trauermantelsalmler, weiße Zuchtform.

Blutsalmler

Größe: 3-4 cm
Temperatur: 20-26 °C

Am Blutsalmler scheiden sich die Geister: Viele lieben den temperamentvollen, bis vier Zentimeter langen Fisch wegen seiner herrlichen Färbung und seines lebhaften Wesens, andere mögen ihn nicht, weil er ständig zu Neckereien aufgelegt ist und andere Fische ganz schön nerven kann. Das gilt sowohl für Artgenossen wie auch für artfremde Fische. Man darf Blutsalmler darum nicht mit Ruhe liebenden und langflossigen Fischen (Skalaren, Labyrinthfischen, Schleierguppys) zusammen pflegen, denen zerbeißt er oft die Flossen. Ähnlich wie bei der Sumatrabarbe gilt: Ein möglichst großer Trupp mindert das Risiko, dass die Tiere übergriffig werden, weil sie dann hinreichend untereinander beschäftigt sind. Es gibt vom Blutsalmler eine ganze Reihe von unterschiedlichen Zuchtstämmen, die mit eigenen, wissenschaftlich klingenden Namen belegt sind: Minor, Callistus, Serpa. Es ist aber alles die gleiche Art. Auch schleierflossige und „Brillant" genannte Blutsalmler werden gezüchtet, die schleierflossigen Tiere sind immer ein wenig zerfleddert.

Minor-Blutsalmler.

Blutsalmler „Serpae Brillant".

Blutsalmler, schleierflossig.

Blutsalmler, Serpaform.

Wasserstieglitz

Größe: 3-4 cm
Temperatur: 24-28 °C

Verglichen mit vielen anderen Salmlerarten erscheint der bis zu etwas über vier Zentimeter lange Wasserstieglitz farblos. Aber genau das macht seinen Reiz aus: Er ist ein schöner Kontrastfisch, durch den die bunten Farben der anderen umso intensiver wirken. Und wenn der Wasserstieglitz gut eingewöhnt ist, kommen seine dezenten Farben sehr wirkungsvoll zum Tragen, besonders die dreifarbige Rückenflosse, die unsere aquaristischen Vorfahren an das bunte Gefieder des Stieglitz oder Distelfinken erinnerte, und die orangefarbene Schwanzflosse. Der Wasserstieglitz ist völlig friedlich und kann bedenkenlos mit allen anderen Fischen gemeinsam gepflegt werden – wenn diese auch friedlich sind! Der Was-

serstieglitz stammt ursprünglich aus wärmeren Regionen Südamerikas in Venezuela. Unter 22 °C wird er blass und lustlos, man pflegt ihn besser zwischen 24 und 28 °C. Vom Wasserstieglitz gibt es auch eine goldene Form und zwei Albino-Zuchtformen, eine mit roten Augen und eine mit schwarzen Augen.

Wasserstieglitz, Weibchen (oben) und Männchen.

Karfunkelsalmler

Sie funkeln besonders schön bei gedämpftem Licht.

Karfunkelsalmler, Männchen.

Größe: 3-4 cm
Temperatur: 24-28 °C

Vom oberen Amazonas in Peru stammt dieser schöne Fisch, der ebenfalls drei bis vier Zentimeter lang wird. Das sehr friedliche Tier hat tatsächlich Eigenschaften wie ein Karfunkel, ein Edelstein, der im Märchen die Fähigkeit besitzt, den Besitzer unsichtbar zu machen: Denn Auge und Schwanzwurzel des Karfunkelsalmers schimmern wie Edelsteine, aber der einzelne Fisch ist im Trupp dadurch für Beutegreifer nur noch schwer auszumachen. Der Art dienen die Leuchtmarken dem Zusammenhalt in den dunklen Heimatgewässern. Vielleicht geht man im ersten Moment im Zoofachhandel achtlos an ihm vorüber, denn im hellen Händlerbecken wirkt er nicht sehr farbig, doch das ändert sich, wenn der Karfunkelsalmler in ein gut bepflanztes Aquarium mit gedämpftem Licht kommt! Wie bei Salmlern üblich ist das Männchen kleiner und zierlicher als das Weibchen. Der Karfunkelsalmler ist eine ideale Kombination zum Neonsalmler, der aus der gleichen Region stammt.

Schlusslichtsalmler

Größe: 3-4 cm
Temperatur: 24-28 °C

Im englischen Sprachgebrauch wird der Schlusslichtsalmler als „head-and-tail-light" (= „Kopf-und-Schwanz-Licht") bezeichnet und das trifft es sehr gut. In dämmerig eingerichteten Aquarien wirken Schlusslichtsalmler genau wie der Karfunkelsalmler ganz zauberhaft, wie Glühwürmchen schweben sie durchs Wasser. Die drei bis vier Zentimeter langen, völlig friedlichen Tiere stammen ursprünglich aus Südamerika, wo sie eine sehr weite Verbreitung haben. Ideal passen sie zu Roten Neons oder Glühlichtsalmlern.

Schlusslichtsalmler, Männchen.

Schmucksalmler

Größe: 4-5 cm
Temperatur: 22-28 °C

Der Schmucksalmler gehört zu einer Gruppe von Salmlerarten, bei denen die Männchen lang ausgezogene Rücken- und Afterflossen entwickeln und so sehr leicht von den Weibchen zu unterscheiden sind. Der Schmucksalmler wird etwa vier bis fünf Zentimeter lang. Wenn sich die Männchen mit zum Zerreißen gespannten Flossen umsegeln, ist das ein herrlicher Anblick, der tatsächlich an Segelschiffe vor dem Wind erinnert. Vom Schmucksalmler gibt es eine Zuchtform, bei der die in der Naturform schwarzen Farbanteile der Rückenflosse weiß sind. Die Art kommt ursprünglich aus dem Amazonas-Einzug von Brasilien und Kolumbien.

Als Gruppe ist er wirklich ein Schmuck für jedes Aquarium.

Schmucksalmler, Männchen.

Blau-Roter Kolumbianer

Größe: 4-5, manchmal 5-7 cm
Temperatur: 24-28 °C

In dieser Aufzählung altehrwürdiger Aquarienfische, die schon unsere Großväter be-
geisterten, ist der Blau-Rote Kolumbianer ein
Neuling. Er wurde erst 1995 von reisenden
Aquarianern im Nordwesten von Kolumbien
entdeckt und mitgebracht. Von diesen wenigen Tieren stammen sämtliche Millionen heute in den Aquarien der Welt schwimmenden
Exemplare ab. Die ungewöhnliche blaue Kör-
perfarbe in Kombination mit den roten Flossen ist einfach zu schön! Das vier bis fünf, ausnahmsweise auch fünf bis sieben Zentimeter
groß werdende Tier ist sehr friedlich. Es gibt
auch eine Albino-Zuchtform von ihm.

Oben:
Blauroter
Kolumbianer,
Albino.

Mitte:
Weibchen.

Links:
Männchen.

Schwarzer und Roter Phantomsalmler

Größe: 4-5 cm
Temperatur: (22) 24-28 °C

Es gibt zwei Arten der Phantomsalmler, eine schwarze
und eine rote. Beides sind
unterschiedliche Arten, keine
Zuchtformen. Die Männchen
der Phantomsalmler haben, genau wie die Schmucksalmler, lang
ausgezogene Flossen.

   Der Rote Phantomsalmler ist kris-
tallrot gefärbt und eine wundervolle Alter-

Oben: Männchen des Schwarzen
Phantomsalmlers.

Links: Ein Pärchen des Schwarzen
Phantomsalmlers.

Unten: Zwei junge Damen des Roten
Phantomsalmlers.

native zum Blutsalmler, da er nicht dessen
unangenehme Eigenschaften hat. Der Rote
Phantomsalmler stammt ursprünglich aus
dem Orinoko in Kolumbien und Venezuela,
einer der heißesten Regionen Südamerikas,
und mag Wassertemperaturen von 24-28 °C
am liebsten. Vom Roten Phantomsalmler wird
auch eine Albinoform gezüchtet.

Der Schwarze Phantomsalmler hingegen stammt aus südlicheren Regionen in Brasilien und Bolivien und ist schon ab 22 °C glücklich. Er ist eine herrliche Alternative zum Trauermantelsalmler, denn die Schwarzen Phantomsalmler behalten ihre schwarze Färbung immer. Die Wildform, die man allerdings nicht im Handel findet, ist deutlich weniger intensiv gefärbt.

Beide Phantomsalmler werden vier bis fünf Zentimeter lang.

Dieser Phantomsalmer scheint müde zu sein, er gähnt.

Roter Phantomsalmer, Weibchen.

Paar der Albinoform des Phantomsalmlers.

Zitronensalmler

Größe: 4-5 cm
Temperatur: 24-28 °C

Beim Zitronensalmler ist der Name Programm: Ein solch intensives Gelb wie in den Flossen dieser vier bis fünf Zentimeter langen, friedlichen Tiere findet man bei keiner anderen Salmlerart. Der Zitronensalmler kam vor dem Zweiten Weltkrieg aus dem Rio Tapajós in Brasilien zu uns und genießt seither Heimatrecht im Aquarium. Erst in jüngerer Zeit wurde eine zweite, mehr orangefarbene Art von reisenden Aquarianern entdeckt, angeblich in Bolivien, aber genau weiß man das nicht. Außerdem gibt es Albino-Zitronensalmler, die, wie alle Albinos, erst in den Jahrzehnten der Nachzüchtung im Aquarium aufgetreten sind. Albinos gibt es zwar grundsätzlich auch in der Natur, jedoch sind sie dort gewöhnlich nicht überlebensfähig.

Orangefarbene Form
des Zitronensalmlers.

Zitronensalmler, Männchen.

Glühlichtsalmler

Der Glühlichtsalmler ist besonders friedlich …

… und sieht sehr schön über dunklem Boden aus.

Größe: 3-4 cm
Temperatur: 22-28 °C

Dieser wunderschöne Salmler stammt aus Guyana, wo er im Essequibo River gefunden wird. Der Glühlichtsalmler wird etwa vier Zentimeter lang und gehört zu den friedlichsten aller Salmlerarten. Seine kupferrot glänzende Längsbinde und die weißen Flossenzipfel kommen in Aquarien mit dunklem Bodengrund am besten zur Geltung. Der Glühlichtsalmler schwimmt am liebsten im unteren und mittleren Wasserdrittel. Die optimale Wassertemperatur für diesen Fisch liegt bei 22-28 °C. Neben der Naturform gibt es auch eine Albino-Zuchtform des Glühlichtsalmlers. Die Männchen sind kleiner und schlanker als die Weibchen, ansonsten sind kaum Geschlechtsunterschiede erkennbar.

Albino-Zuchtform des Glühlichtsalmlers.

Neonsalmler

Größe: 2-3 cm
Temperatur: 18-24 °C

Als der Neonsalmler 1935 in der Umgebung von Iquitos in Peru entdeckt wurde, war das eine Sensation. So viel Leuchtkraft und Farbigkeit auf einem nur knapp drei Zentimeter langen Fisch hatte man bis dahin für unmöglich gehalten. Fünf Neonsalmler schickte man für 3.000 $ (das entspricht heutzutage über 56.000 Euro!) Transportkosten mit dem Zeppelin Hindenburg aus Deutschland nach Lakehurst in die USA und von da aus mit einer eigens gecharterten Maschine weiter nach Chicago. Nur einer kam lebend an und lockte Zehntausende begeisterter Besucher in das Shedd Aquarium in Chicago. Heute ist der Neonsalmler längst ein Alltagsfisch, den es in zahlreichen Zuchtformen gibt: Gold- und Albinoform, schleierflossige Form und Diamantköpfchen. Er mag es etwas kühler als sein Vetter, der Rote Neon. 18-22 °C sind perfekt für den völlig friedlichen Fisch, der das untere Wasserdrittel bevorzugt.

Neonsalmer in der Zuchtform „Diamantköpfchen".

Neonsalmler bei der Balz.

Fast durchsichtig sehen die Lutino-Neonsalmler aus.

Neonsalmer „Gold" in der Schleierform.

Schleierform des Neonsalmlers.

Ein ganzer Trupp leuchtender Neonsalmler im Aquarium.

Roter Neon

Größe: 3-4 cm
Temperatur: 24-28 °C

Ein Schwarm ‚Roter Neon' im Aquarium.

Roter Neon aus Brasilien.

Der Rote Neon stammt aus dem Rio Negro und seinen Zuflüssen in Brasilien sowie aus Teilen Kolumbiens. Er wird mit etwa vier Zentimeter Länge etwas größer als der Neonsalmler. Entsprechend der Herkunft will der Rote Neon wärmer gehalten werden, seine optimalen Temperaturen liegen im Bereich von 24-28 °C. Der Rote Neon ist der weltweit wichtigste Zierfisch. Früher wurde viel Aufwand mit der Wasserzubereitung betrieben, weil man glaubte, diese Kostbarkeit bräuchte sehr spezielles Wasser. Aber heute weiß man es besser. Nur zur Zucht stellt der Rote Neon besondere Anforderungen, aber das braucht an dieser Stelle nicht zu interessieren. Wichtig ist hingegen stets sauberes, gut gepflegtes Wasser. Auf Dreckbrühe reagiert der Rote Neon, der in seiner Heimat in fast destilliertem Wasser schwimmt, in dem es kaum Bakterien gibt, sehr empfindlich. Für viele war und ist er der schönste Aquarienfisch überhaupt. Auch als Einsteiger kann man den Roten Neon gut pflegen, wenn man beherzigt, dass er nur in völlig friedlicher Gesellschaft gehalten werden darf und der regelmäßige Teilwasserwechsel nicht versäumt wird. Die goldene Albino-Zuchtform des Roten Neons ist ziemlich empfindlich und für Einsteiger nicht zu empfehlen.

Schwarzer Neon

Größe: 3-4 cm
Temperatur: 18-26 °C

Im Vergleich zum Neonsalmler und zum Roten Neon wirkt der Schwarze Neon etwas farblos. Aber er ist ein herrlicher Kontrast zu deren roter Farbe. Der bis zu vier Zentimeter lange Fisch stammt aus dem Einzug des Rio Paraguay in Brasilien und Paraguay. Da es in diesen südlichen Teilen Südamerikas zumindest zeitweise nicht mehr ganz so heiß wie in Zentral-Amazonien ist, sind 22-26 °C perfekt. Auch vom Schwarzen Neon sind im Laufe der vielen Jahrzehnte, die dieser Fisch schon im Aquarium gezüchtet wird, Zuchtformen entstanden, die es in freier Natur nicht gibt: eine „Smoke" genannte Form und Albinos. Albinos sind aber nur selten erhältlich.

Oben:
Schwarzer Neon „Smoke"

Unten:
Besonders schön ist der Schwarze Neon als Kontrast zum Roten Neon.

Kaisertetra

Größe: 4-5 cm
Temperatur: 24-28 °C

Der Kaisertetra aus Kolumbien weicht im Verhalten deutlich von den bisher genannten Salmlern ab. Während jene – z. B. Rote Neons – frisch in das Aquarium gesetzt zunächst im Trupp die neue Heimat erkunden und sich dann jeder ein Lieblingsplätzchen sucht, das er auch eifersüchtig (aber harmlos) verteidigt, bildet der Kaisertetra richtige Reviere aus. Besser gesagt: das Kaisertetra-Männchen. Dabei kann das bis zu fünf Zentimeter lange Kerlchen, das man an der dreizipfligen Schwanzflosse erkennt (bei den Weibchen fehlt der mittlere Schwanzflossenzipfel) auch erheblich größere Fische in die Flucht schlagen. Darum muss ein Aquarium für Kaisertetras vergleichsweise groß sein (nicht unter 80 Zentimeter Länge), gut strukturiert eingerichtet werden, also mit Pflanzen, Steinen und Wurzeln, und die anderen Fische im Aquarium sollten nicht zu zimperlich sein.

Abgesehen davon ist der Kaisertetra aber wunderschön und gehört zu den beliebtesten Salmlern. Neben der Naturform gibt es noch eine schwarze und eine pinkfarbene Zuchtform. Kaisertetras mögen es warm, 24-28 °C sind richtig für sie.

Kaisertetra, Männchen.

Kaisertetra, Weibchen.

Junges Männchen der goldenen Variante des Kaisertetras.

Längsband-Ziersalmler

Längsband-Ziersalmler, Pärchen.

Eine Gruppe der auch Bleistiftfische genannten Ziersalmler.

Größe: 5-6,5 cm
Temperatur: 24-28 °C

Wie kleine, farbige Zeppeline propellern die Ziersalmler, auch Bleistiftfische genannt, durch das Aquarium. Der ungewöhnliche, etwas steif wirkende Schwimmstil macht sie einzigartig in der bunten Welt der Salmler. Es gibt eine ganze Reihe von Ziersalmler-Arten, darunter z.B. den netten ‚Schrägsteher', aber für den Anfang sollte man sich aus verschiedenen Gründen auf den bis zu 6,5 Zentimeter langen (er wirkt durch seine schlanke Körperform aber kleiner) Längsband-Ziersalmler beschränken. Gewöhnlich wird er nur fünf Zentimeter lang. Wichtig für den Längsband-Ziersalmler, der ursprünglich aus den zentralen Regionen des Amazonasbeckens und Guyanas stammt, ist eine ruhige Fischgesellschaft, damit er sich voll entfalten kann. Er schwimmt am liebsten in den mittleren und oberen Wasserschichten. Die Männchen in Balzstimmung sind völlig anders gefärbt als die Weibchen, ansonsten erkennt man sie an dem höheren Rotanteil in den Flossen und der anders geformten Afterflosse. Eine Wassertemperatur von 24-26 °C behagt den Tieren am meisten.

Längsband-Ziersalmler, Männchen.

Längsband-Ziersalmler, Weibchen.

Rotkopfsalmler

Rotkopfsalmler sollten im Schwarm von mindestens 20 Exemplaren gehalten werden.

Größe: 4-5 cm
Temperatur: 24-28 °C

Dieser maximal fünf Zentimeter lange Fisch, der aussieht, als wäre er mit dem Köpfchen in ein Fass mit roter Tinte getaucht, ist der einzige echte Schwarmfisch, den wir unter den Aquarienfischen kennen. Man sollte daher, wenn man sich zu seiner Pflege entschließt, 20 oder mehr Exemplare halten, die natürlich auch ein entsprechend großes Aquarium (nicht unter einem Meter Länge) brauchen. Dort ist der stets dicht zusammenhaltende Schwarm Rotkopfsalmler ein faszinierender Anblick. Rotkopfsalmler sind sehr friedlich und schwimmen vorzugsweise in der mittleren Wasserschicht. Sie kommen aus den gleichen Gewässern wie der Rote Neon und mögen daher eine Wassertemperatur von 24-28 °C. Gelegentlich wird auch eine Albino-Zuchtform des Rotkopfsalmlers angeboten.

Blauer Kongosalmler

Größe: 8-10 cm
Temperatur: 24-28 °C

Für Besitzer größerer Aquarien (ab ca. 120 cm) ist der aus dem Kongo in Afrika stammende Kongosalmler ein idealer Fisch. Das immerhin acht bis zehn Zentimeter lang werdende Tier (uralte Methusalixe, die acht bis zehn Jahre alt sind, können sogar 12 bis 15 Zentimeter lang werden) leuchtet und glitzert in allen Regenbogenfarben. Dennoch ist der Kongosalmler als friedlich einzustufen. Meist zieht er ruhig seine Bahnen, doch wie blitzschnell er sein kann, merkt man, wenn man einmal eine Stubenfliege auf die Wasseroberfläche wirft. Aus diesem Grund sollte ein Aquarium für Kongosalmler auch niemals oben offen sein, denn fliegende Insekten sind unwiderstehlich für Kongosalmler und so können sie schnell auf dem Trockenen landen. Wenngleich die Wasserwerte (Härte und pH-Wert) für die Pflege aller in diesem Buch vorgestellten Fischarten nicht entscheidend sind (Ausnahme: Malawibuntbarsche), sollte man doch wissen, dass sich ein üppig wallendes Flossenwerk bei den Männchen des Kongosalmlers nur in weichem Wasser entwickelt. Vom Kongosalmler gibt es auch eine Albino-Zuchtform. Die optimale Wassertemperatur für den hauptsächlich in der Wassermitte schwimmenden Fisch liegt bei 24-28 °C.

Eine Gruppe attraktiver Kongosalmler.

Lebendgebärende Zahnkarpfen

Die Lebendgebärenden Zahnkarpfen gelten allgemein als die Anfängerfische schlechthin. Diese Meinung stammt allerdings aus einer Zeit, als es für die Aquarianer noch bedeutsam war, durch Nachzuchten etwas für die Hobbykasse hinzuzuverdienen. Da die Lebendgebärenden Zahnkarpfen lebendige, voll entwickelte Junge zur Welt bringen, die bei der Geburt schon zehn- bis zwanzigmal größer als die Jungen der meisten anderen Aquarienfische sind, stellten sie die Anfänger in der Zierfischzucht vor keine unlösbaren Probleme bei der Aufzucht. Heutzutage stammen die Lebendgebärenden Zahnkarpfen aus großen, hochprofessionellen Betrieben, hauptsächlich in Südostasien und Israel. Die private Hobbyzucht gibt es zwar auch noch, ist aber ein Spezialzweig der Aquaristik geworden und setzt große Kenntnisse in der Genetik voraus. Bezüglich der Haltungsansprüche gehören die Lebendgebärenden Zahnkarpfen tatsächlich zu den schwierigeren

der in diesem Buch vorgestellten Arten. Der wesentliche Grund hierfür ist, dass die Tiere in den Zuchtfarmen unter optimalen Futter- und Wasserbedingungen gezüchtet und aufgezogen werden. Alle negativen Faktoren, wie Krankheiten oder belastende Stoffe im Wasser, aber auch sozialer Stress, werden von ihnen ferngehalten. Sie leben wie im Paradies und verweichlichen dadurch. Während bei den unter natürlichen oder naturnahen Bedingungen aufgezogenen Fischen immer ein gewisser Anteil der Jungtiere stirbt, bevor sie erwachsen sind (in der Natur sind es sogar 99,99 Prozent), überleben in den Zuchtfarmen fast alle. Diese mangelnde natürliche Auslese führt dazu, dass neu gekaufte Lebendgebärende Zahnkarpfen oft sehr empfindlich sind und behandelt werden müssen, als seien sie rohe Eier.

Papageienplaty, orangefarbene Variante.

Egal ob Guppy, Platy, Schwertträger oder Molly – einmal erfolgreich eingewöhnt, hat man viel Freude an ihnen. Die Eingewöhnung erfordert ein gut eingefahrenes Aquarium, eine geringe Besatzdichte und eine mehrmals tägliche Fütterung mit kleinen (!) Portionen. Auch den regelmäßigen Teilwasserwechsel darf man keinesfalls vernachlässigen. Während Guppys und Platys in jeder vorstellbaren Anzahl und Kombination der Geschlechter gepflegt werden können, sind die Männchen bei Schwertträgern und Mollys untereinander relativ unverträglich. Ob man auf die Dauer mehr als ein geschlechtsreifes Männchen im Aquarium pflegen kann, hängt von der Größe des Aquariums und der Anzahl der Männchen ab. Zwei oder drei Männchen sind selten gut verträglich, zehn bis fünfzehn Stück oft ganz gut. In großen Gruppen bilden die Tiere eine Rangordnung aus, wobei auch die Rangniedrigsten noch ein erfülltes Leben führen können, weil das dominante Alphamännchen genug damit zu tun hat, die unmittelbar in der Rangordnung unter ihm ste-

Molly „Half-black-Gold".

henden in Schach zu halten. Für normalgroße Aquarien (80 bis 120 Zentimeter Länge) kauft man jedoch am besten nur ein Männchen und zwei bis vier Weibchen und lässt sich aus dem Nachwuchs weitere Tiere entwickeln.

Alle Lebendgebärenden Zahnkarpfen fressen grundsätzlich ihre eigenen Jungen. Sie wissen nicht, dass es ihre Jungtiere sind, die Größe der Babys und ihre Art, sich zu bewegen, lösen den Jagdinstinkt aus. Pflegt man Lebendgebärende Zahnkarpfen in einem Artaquarium, in dem also keine anderen Fischarten sind, und setzt die Jungtiere, sobald sie eine Länge von etwa zwei Zentimetern erreicht haben, zu den Eltern, wird man feststellen, dass nach und nach die Jungtierfresserei nachlässt. In einem solchen Mehrgenerationenaquarium lernen die Fische offenbar, die stets in größerer Anzahl vorhandenen Jungtiere zu ignorieren. Aber wenn man Lebendgebärende Zahnkarpfen in einem normalen Gesellschaftsaquarium pflegt, gelingt so etwas nicht, und ohne besondere Vorkehrungen werden nur ausnahmsweise Jungtiere überleben. Im einfachsten Fall hilft eine sehr dichte Bepflanzung, um ein paar Junge durchkommen zu lassen, in anderen Fällen muss man das trächtige Weibchen in ein separates Wurfaquarium überführen, das dann auch für die ersten Lebenswochen als Aufzuchtaquarium dient. Je nach Art und Größe der Weibchen werden zwischen zehn bis zwanzig und weit über 100 Junge pro Wurf geboren.

An die Einrichtung stellen Lebendgebärende Zahnkarpfen sonst keine besonderen Anforderungen. Die Wassertemperatur sollte während der Eingewöhnung konstant um 26 °C gehalten werden und darf später zwischen 20 und 28 °C schwanken, wobei plötzliche Temperaturveränderungen von mehr als zwei bis drei Grad generell schädlich sind. Gegenüber allen anderen Fischen sind sie friedlich.

Guppy „Flamingo Gold".

Guppy „Blondie".

Guppy „Multicolor".

Guppy

Größe: 2-3 cm, Weibchen bis 6 cm
Temperatur: 22-26 °C

Der Guppy ist mit Hunderten von Zuchtvarianten einer der wichtigsten Zierfische der Welt. Ursprünglich war die Art nur im nördlichen Südamerika (Venezuela, Kolumbien, vorgelagerte Inseln) verbreitet. Er wurde jedoch zur Moskito-Bekämpfung und wohl auch von dummen Aquarianern überall auf der Welt ausgesetzt, wo die Wassertemperaturen niemals unter 16 °C sinken. Sogar in Deutschland gibt es wilde Guppys in einem Bach bei Köln, der von hochgepumptem Grubenwasser künstlich erwärmt wird. Die Männchen erreichen zwei bis drei Zentimeter Körperlänge, dazu kommt noch die Schwanzflosse, die je nach Zuchtvariante kurz oder mehr als körperlang werden kann. Die Weibchen können fast doppelt so groß wie die Männchen werden. Gewöhnlich pflegt man die Guppys im Schwarm mit einem Überschuss an Männchen (zwei bis vier Männchen pro Weibchen). Manche Tierschützer glauben, die Weibchen seien durch die stets paarungsbereiten Männchen zu sehr ge-

Guppy „Chili Red".

stresst, und fordern ein umgekehrtes Geschlechterverhältnis. Wissenschaftliche Untersuchungen stützen diese Annahme aber nicht.

Egal wie es aussieht: Es ist das Weibchen, das Paarungen erlaubt oder nicht. Zudem lenken sich die Männchen untereinander dadurch ständig von den Weibchen ab, weil sie (harmlos) rivalisieren.

Guppy „Red Sapphire".

Guppys sind soziale Fische, die erst in Gruppen ab zehn Exemplaren ihr volles Verhaltensrepertoire ausleben können. Die Weibchen werden ab drei Zentimeter geschlechtsreif. Sie bekommen ca. alle sechs Wochen

Guppy „Green Cobra".

Junge, anfangs nur wenige, später 50 bis 60, manchmal sogar mehr. Doch wie gesagt: Die meisten werden von Artgenossen oder anderen Fischen gefressen, genau wie in der Natur, weshalb es nur sehr selten und unter sehr besonderen Umständen zu Massenentwicklungen im Becken kommt. Wer dennoch Bedenken hat, sollte bereits beim Kauf klären, ob der Zoofachhändler ggf. überschüssigen Nachwuchs abnimmt.

Der Guppy ist sehr temperaturtolerant (16 bis 32 °C), doch sollte man das nicht unnötig ausreizen. 22 bis 26 °C sind ideal für ihn.

Guppy

Guppy „Neon Blue".

Guppy „Neon Flame".

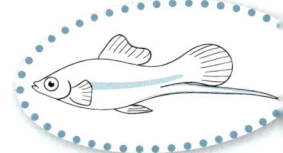

Guppy „Emerald Grass Blue".

Guppy „Blue Mosaic".

Guppy Koi, Paarung.

Guppy „Glassbelly Smoke", Männchen.

Guppy

Guppy Doppelschwert.

Guppy „Coral Tail".

Guppy „Yellow Tuxedo".

Guppy „Yellow Taxi Glass Belli", trächtiges Weibchen.

Guppy blond-rot, Weibchen.

Guppy „Delta blau", Weibchen.

71

Endlers Guppy

Größe: 1,5-2 cm
Temperatur: 22-26 °C

Der Guppy ist nicht nur ein wundervoller Aquarienfisch, sondern auch ein wichtiges Forschungsobjekt für Genetiker und Verhaltensforscher. Einer von ihnen, John Endler, sammelte 1975 in Venezuela bei Campona einen Wildguppy, den er für vergleichende Verhaltensstudien mit ‚Haustierguppys‘ brauchte. Dieser sehr hübsche, kleine Guppy wurde bald überaus beliebt unter Freunden der Lebendgebärenden Zahnkarpfen, wo man ihn als ‚Endlers Guppy‘ bezeichnete. Im Jahr 2005 wurde Endlers Guppy wissenschaftlich als eigenständige Art beschrieben. Gegenwärtig ist diese Guppyart, die kleiner und zierlicher als der gewöhnliche Guppy ist, extrem beliebt. In der Natur ist Endlers Guppy genauso variabel wie der normale Guppy; es wurden schon Dutzende Zuchtformen aus natürlich vorkommenden Varianten und noch mehr aus Kreuzungen mit gewöhnlichen Guppys bekannt. Pflege und Zucht sind identisch zum normalen Guppy. Man muss lediglich bedenken, dass Endlers Guppy deutlich kleiner ist (Männchen 1,5 bis 2 Zentimeter, Weibchen rund 1 Zentimeter größer) und darum nicht mit Fischen zusammen gepflegt werden darf, die ihn fressen könnten.

Klassischer Endlers Guppy.

Endlers Guppy „El tigre", Weibchen.

Endlers Guppy „El tigre", Männchen.

Endlers Guppy, Exemplar einer Wildform. Bei Wildformen von Endlers Guppy ist jedes Männchen individuell an seiner Zeichnung erkennbar, keines gleicht dem anderen.

Endlers Guppy

Foto: © Mirko Rosenau – stock.adobe.com

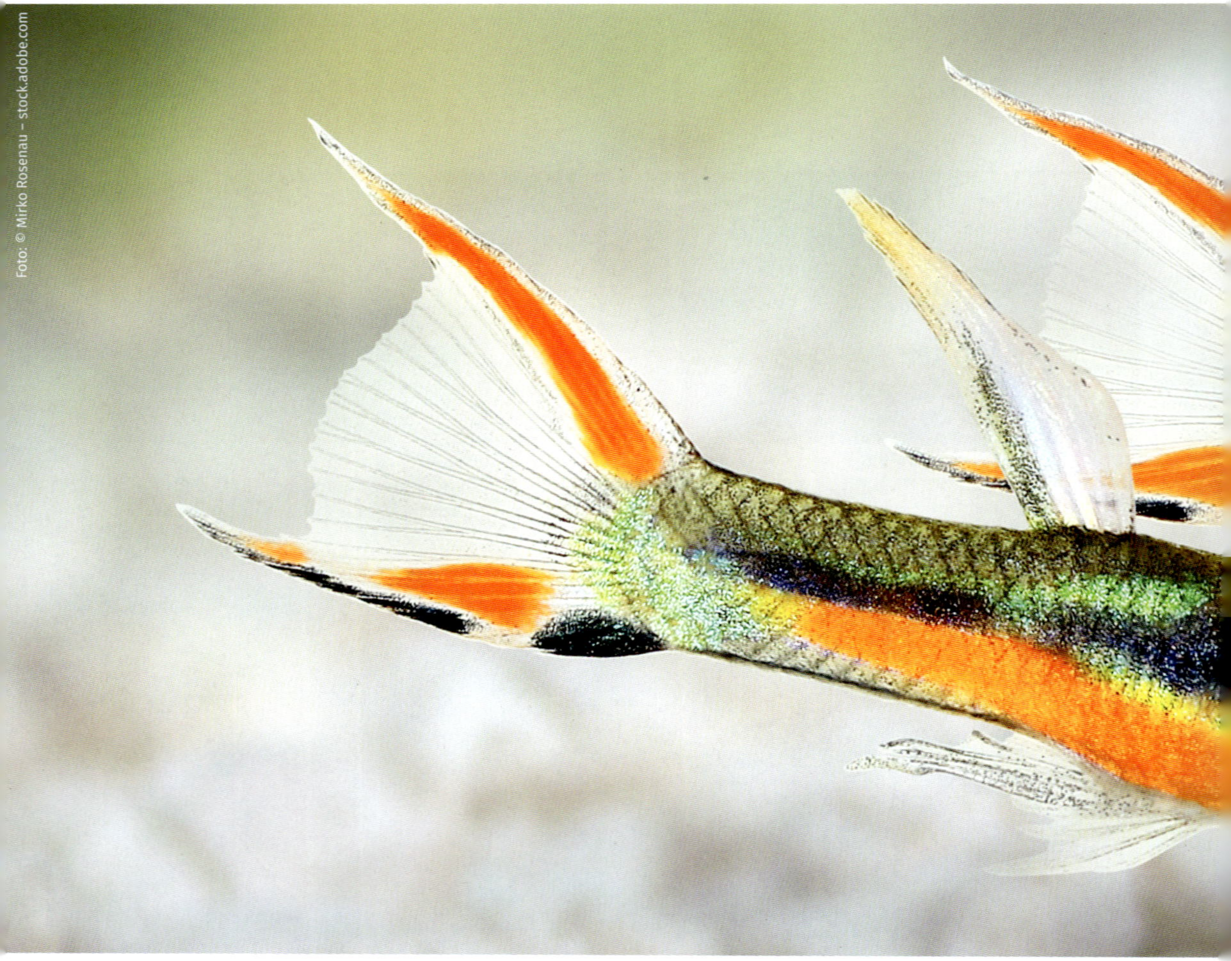

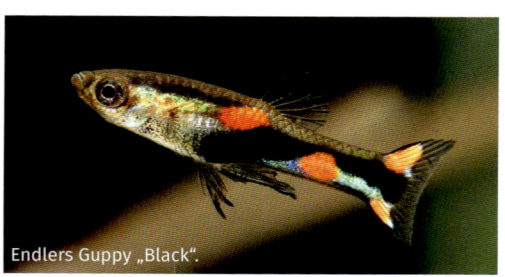

Endlers Guppy „Black“.

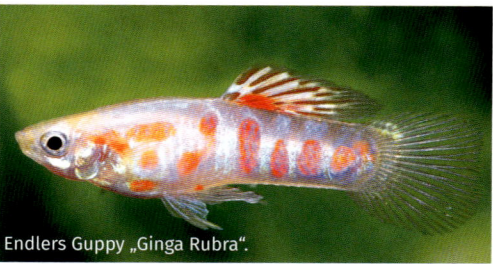

Endlers Guppy „Ginga Rubra“.

Ständig entstehen neue Zuchtformen des Endler-Guppys durch Kreuzungen oder Selektion. Solche Zuchtformen erkennt man daran, dass die Männchen einander sehr ähnlich sehen. Bei Wildformen kann man dagegen jedes einzelne Männchen an seiner individuellen Färbung erkennen.

Endlers Guppy „Tiger".

Endlers Guppy „White Peacock".

Endlers Guppy

Endlers Guppy „Lime Green".

Endlers Guppy „Half Tuxedo".

Endlers Guppy „Blue Tiger".

Endlers Guppy „Santa Maria Bleeding Heart".

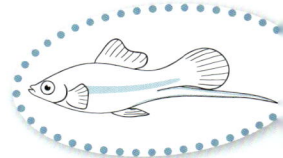

Endlers Guppy spotted.

Endlers Guppy „Scarlet".

Endlers Guppy „Lime Green".

Endlers Guppy „Blue Star 2021".

Platy und Papageienplaty

Papageienplaty „Puente Escalanar".

Platy Wagtail, Rot.

Größe: 4-6 cm
Temperatur: 20-28 °C

Es gibt zwei Arten Platys, den ‚gewöhnlichen' und den Papageienplaty. Von beiden gibt es sehr viele Zuchtformen und sie werden auch untereinander und mit Schwertträgern gekreuzt, sodass es oft nicht leicht ist, sie richtig zu bestimmen. Aber das macht nichts, weil beide Arten sehr ähnlich in ihren Ansprüchen sind. Der Papageienplaty ist allerdings toleranter gegen niedrige Temperaturen (bis 16 °C), während der eigentliche Platy besser über 20 °C bis maximal 28 °C gepflegt wird. Platys sind im Vergleich zum Guppy sehr hochrückig. Der Name Platy leitet sich von dem al-

ten wissenschaftlichen Namen ‚Platypoecilus' ab, was ‚breiter Kärpfling' bedeutet. In älteren Büchern wird der Play auch gelegentlich als ‚Spiegelkärpfling' bezeichnet, weil manche Platys einzelne, glänzende Schuppen am Körper haben. Doch Fischfreunde auf der ganzen Welt haben sich auf ‚Platy' geeinigt: kurz und bündig. Die Pflege entspricht der des Guppys, nur werden Platys später geschlechtsreif.

Platy Drachenflosser.

Papageienplaty.

Platy „Sunset Comet".

Platy „Pfeffer, Salz, Rainbow".

Platy und Papageienplaty

Papageienplaty „Orange, Simpson".

Platy „Coral".

Platy „Mickey Mouse", Rot.

Platy „Tricolor, Wagtail".

Schwertträger

Größe: 6-8 cm
Temperatur: 20-28 °C

Unter den Einsteigerfischen nimmt der Schwertträger eine besondere Rolle ein, denn man muss sich mit dem Verhalten der Tiere etwas auskennen, um schlechte Erfahrungen zu vermeiden. Das wurde in der Einleitung bereits ausführlich diskutiert. Der Schwertträger erreicht im männlichen Geschlecht sechs bis acht Zentimeter Körperlänge, Weibchen werden sogar noch etwas größer, beim Männchen kommt dann noch das Schwert am unteren Ende der Schwanzflosse hinzu, das über körperlang werden kann. Es gibt sehr viele Zuchtformen dieses schönen Fisches, dessen Pflege viel Freude macht. Das Männchen hat ein spezielles Balzverhalten. Es schwimmt blitzschnell um das Weibchen herum und beim Höhepunkt

Berliner Schwertträger, Männchen (oben) und Weibchen.

der Balz stellt es sich quer vor das Weibchen und vollzieht Bewegungen vor ihm, die wie

Hamburger Schwertträger, oben „Simpson", unten normalflossig.

Ananas-Schwertträger.

die eines Geigenbogens auf der Violine aussehen. Die Weibchen mögen besonders große Männchen. Es gibt aber eine Besonderheit beim Schwertträger: Es gibt Früh- und Spätentwickler unter den Männchen. Manche Männchen sehen monatelang wie Weibchen aus, werden sehr groß und entwickeln erst dann ein Geschlechtsorgan und das Schwert, andere stellen schon im Alter von wenigen Wochen das Wachstum ein, bekommen ihr Schwert und legen drauflos. Früher dachte man, das sei eine Geschlechtsumwandlung bei den Spätmännchen, doch bekommen sie niemals zuvor Junge. Die Temperaturansprüche des Schwertträgers sind wie bei Guppy und Platy gelagert.

Schwertträger „Red-White, Wagtail", Paar.

Schwertträger „Rio Atoyac".

Lyra-Schwertträger „Tricolor", Paar.

Schwertträger, Green Redback.

Schwertträger

Schwertträger „Koi-Mix".

Wiener Schwertträger „Lyra", Weibchen.

Wiener Schwertträger „Lyra", Männchen.

Schwerttträger „King Lyra", Weibchen (oben)
und Männchen (unten).

Schwertträger „Jalapa".

Schwertträger „Redback Rot".

Schwertträger „Golden Moon".

Schwertträger „Yucatan II".

Wiesbadener Schwertträger „Platinum".

Schwertträger „Simpson Pineapple".

85

Molly

Größe: 6-8 cm
Temperatur: 18-28 °C

Bei den Mollys sind die Dinge etwas kompliziert. Was schwarz, goldfarben, gescheckt oder silberfarben, mit runden oder lyraförmigen Schwanzflossen, kurzen, breiten oder segelförmigen Rückenflossen durch die Aquarien der Welt schwimmt, ist das Ergebnis jahrzehntelanger Kreuzungszucht von vier verschiedenen Arten: dem Spitzkopf-Molly, dem Mexiko-Molly, dem Breitflossenkärpfling und dem Segelkärpfling. Möglicherweise waren auch noch weitere Arten beteiligt, denn es gibt in der Natur (Mollys findet man vom südlichen Nordamerika bis zum südlichen Mittelamerika) ziemlich viele Mollyarten, die aber nur von Spezialisten unterschieden werden können. Das Problem dabei: Jede Mollyart stellt andere Umweltansprüche.

Der Spitzkopf-Molly ist eine anspruchslose Art, die oft in Gräben und Pfützen vorkommt und entsprechend geringe Ansprüche hat, der Mexiko-Molly ist eher eine Fließwasser- oder Seenform, schätzt also klares, sauerstoffreiches Wasser, der Breitflossenkärpfling kommt in den salzigen Marschen entlang der warmen Küsten Nordamerikas vor und der Se-

Black Molly, dominant.

Black Molly, Weibchen.

gelkärpfling lebt in Mexiko in sehr klaren Gewässern, oft sogar in reinem Meerwasser. Je nachdem, welcher Elternteil den einzelnen Zuchtformen was mitgegeben hat, sind die Ansprüche – vor allem was den Salzgehalt des Wassers angeht – ziemlich unterschiedlich. Für das Einsteigeraquarium kann man guten Gewissens nur Formen mit sehr viel Spitzkopf-Molly-Blut empfehlen. Man erkennt sie an der relativ geringen Größe (Männchen werden gewöhnlich nur ca. fünf Zentimeter lang, Weibchen rund zwei Zentimeter größer) und der kleinen, runden Rückenflosse.

Als Faustregel kann gelten: Je größer die Rückenflosse der Männchen, desto empfindlicher sind die Fische. Eine Ausnahme gibt es: Der Silbermolly, der gewöhnlich auf Breit-

Latipinna
Black Molly.

Molly „Liberty"

flossen-Molly-Basis gezüchtet wird, ist eine sehr robuste Form. Wenn Mollys schaukelnde Schwimmbewegungen machen, ist das ein ernstes Alarmzeichen. Man muss in diesem Fall sofort überprüfen, ob das Wasser noch in Ordnung ist. Wann war der letzte Teilwasserwechsel? Als erste Hilfe kann eine geringe Menge Salz (nicht mehr als zwei Gramm pro Liter, selbst darauf reagieren viele Pflanzen und auch etliche Fischarten schon empfindlich!) helfen. Wegen der Empfindlichkeit mancher (nicht aller!) Mollyformen kann man sie nicht generell als Einsteigerfische empfehlen. Lassen Sie sich diesbezüglich bitte von Ihrem Zoofachhändler beraten.

Oft wird behauptet, Mollys bräuchten viel wärmeres Wasser als andere Fische. Das stimmt nicht. Für gesunde Mollys sind Temperaturen ab 18 °C bis 28 °C ideal. Richtig ist aber, dass viele Krankheitserreger der Fische sich bei hohen Temperaturen schlechter entwickeln. Darum pflegt man manche besonders für Krankheiten empfängliche Fische besonders warm, was aber sehr zulasten der Lebenserwartung geht. Bei wechselwarmen Tieren wie Fischen entspricht die Körpertemperatur der Umgebungstemperatur. Dauerhaft sehr warm (28 bis 30 °C) gepflegte Fische leben nur halb so lang (oder noch kürzer) als bei Temperaturen um 24 °C gepflegte Artgenossen. Das entspricht zwar in vielen Fällen absolut den natürlichen Lebensverhältnissen der Fische, ist aber im Aquarium eher nicht erwünscht.

Molly

Molly „Gold and Black", Männchen ...

... und Weibchen.

Pärchen des Gold-Molly.

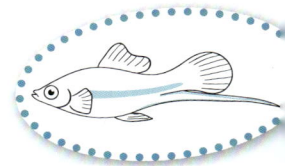

Paarung beim Silber-Molly.

Gold-Molly, Männchen.

Molly „Marble Lyra", Weibchen.

Molly „Copper Lyretail", Männchen.

Killifische

Die Killifische gehören zu den buntesten Kleinfischen überhaupt. Es gibt Hunderte von Arten, eine schöner als die andere. Doch eignet sich kaum eine für Einsteiger und/oder Gesellschaftsaquarien. Der etwas seltsame Name „Killifisch" hat nichts mit „Killer" zu tun, sondern ist die Ableitung eines Namens, den aus den Niederlanden stammende Siedler in Nordamerika für eine der Arten prägten; sinngemäß bedeutet er „in Gräben lebender kleiner Fisch". Es gibt sie in Europa, Asien, Afrika und Amerika. Sie leben in süßem oder brackigem Wasser, manche auch im Meer und alle legen Eier. Zoologisch gesehen sind Killifische die eierlegenden Verwandten der Lebendgebärenden Zahnkarpfen und werden darum auch als Eierlegende Zahnkarpfen bezeichnet. Killifische sind extrem faszinierende Tiere, zu denen die kurzlebigsten Fische der Welt gehören. Beim Grünen Prachtkärpfling liegen zwischen Schlupf aus dem Ei und Tod aus Altersschwäche gerade mal maximal 16 Wochen. Etliche Killis aus Afrika und Südamerika zählen zu den Saisonfischen und besiedeln Gewässer, die nur wenige Wochen im Jahr Wasser führen, wo sie ihre Eier in den Boden legen. Wenn das Gewässer austrocknet, sterben die Eltern, aber die Eier können viele Wochen, Monate oder gar Jahre im Boden lebensfähig bleiben, bis es wieder regnet. Dann schlüpfen sie aus, und das Spiel beginnt von Neuem. Die meisten Killifische leben allerdings in permanenten Gewässern und werden auch ähnlich alt wie andere Fische vergleichbarer Größe.

Der Monroviahechtling in Drohgebärde.

Leider eignen sich nur wenige Arten für Gesellschaftsaquarien, weil die meisten Killis konkurrenzschwach sind und besondere Ansprüche an das Wasser und die Ernährung stellen. Darum sind auch nur sehr wenige Arten im Zoofachhandel erhältlich. Wer sich sehr für Killifische interessiert, kann Kontakt mit speziellen Züchtergruppen, etwa der Deutschen Killifisch Gemeinschaft (DKG) aufnehmen, wo viele Hundert ver-

Eine Gruppe Streifenhechtlinge.

Neonreisfische.

schiedene Arten gezüchtet werden. Ähnliche Gemeinschaften gibt es übrigens auch für viele andere Fischgruppen, die aus den unterschiedlichsten Gründen kaum im Zoofachhandel anzutreffen sind, etwa den Buntbarschen, Labyrinthfischen, Wildformen der Lebendgebärenden Zahnkarpfen, den Regenbogenfischen, den Welsen usw.

Die Arten, die wir Ihnen hier vorstellen, sind ausgezeichnet für das Gesellschaftsaquarium geeignet, gut mit Flockenfutter zu ernähren und meistens im Zoofachhandel erhältlich. Sie stellen auch keine nennenswerten Ansprüche an das Wasser und leben „normal" lang (3 bis 7 Jahre). Da alle hier genannten Arten bevorzugt im oberen Wasserdrittel oder direkt unter der Wasseroberfläche schwimmen, sind sie sehr geeignet, diesen von vielen anderen Fischen gemiedenen Raum im Aquarium zu beleben. Damit sich die Killis dort sicher und damit wohl fühlen, sollten stets ein paar Schwimmpflanzen im Aquarium vorhanden sein, unter denen die Fische Deckung finden können; hier legen sie auch ihre Eier ab.

Streifenhechtling

Größe: 6 cm
Temperatur: 20-30 °C

Die Heimat dieses vergleichsweise
großen Killifischs liegt in Süd-Indien.
Männchen können manchmal zehn
Zentimeter Länge erreichen, Weibchen
bleiben immer kleiner. Sehr kleine Fische
können vom Streifenhechtling als Futter be-
trachtet werden, darum sollten Beifische nicht
kleiner als etwa ein Drittel der Länge der Streifenhechtlinge sein. Allerdings werden die we-
nigsten Aquarianer in ihrem Leben je einen
zehn Zentimeter großen Streifenhechtling sehen, gewöhnlich werden sie sechs bis sieben
Zentimeter lang. Ganz wichtig bei der Pflege
von Streifenhechtlingen ist ein absolut dicht
abgedecktes Aquarium, diese Tiere springen
sonst mit Sicherheit irgendwann nach einer
Fliege und damit in den Tod. Die Männchen
sind bunter und haben eine spitz ausgezogene

Streifenhechtling mit roten Punkten.

Goldform des Streifenhechtlings.

Afterflosse. Da die Männchen untereinander
sehr unverträglich sein können (nicht müssen,
aber eine Vorhersage ist nicht möglich), pflegt
man den Streifenhechtling entweder paarweise oder ein Männchen mit mehreren Weibchen. Es gibt mehrere unterschiedlich gefärbte Wildformen und eine grüngolden glänzende
Zuchtform. Ideale Gesellschaftsfische für den
Streifenhechtling sind Purpurkopfbarben, Fadenfische, Regenbogenfische und Welse. Die
Wassertemperatur kann zwischen 20 und 30 °C
liegen.

Streifenhechtling, Männchen.

Querband- oder Monroviahechtling

Größe: 7-10 cm
Temperatur: 22-28 °C

Im Grunde genommen ist der Querbandhechtling (der Monroviahechtling ist eine abweichend gefärbte Lokalform des Querbandhechtlings, im Handel wird zwischen beiden nur selten unterschieden) eine kleinere und friedlichere Ausgabe des Streifenhechtlings. Er stammt aus dem tropischen Westafrika und wird maximal sechs Zentimeter lang, Weibchen bleiben kleiner. Die Männchen streiten zwar ganz gerne miteinander, aber man kann trotzdem mehrere von ihnen gemeinsam pflegen, denn diese Streitereien sind harmlos. Auch wenn Querbandhechtlinge oberflächennah leben, wirken sich ein dunkel gehaltener Bodengrund und reiche Bepflanzung positiv auf ihre Färbung aus. Unter 22 °C sollte die Wassertemperatur bei dieser Art möglichst nicht sinken.

Querbandhechtling, Männchen.

Querbandhechtling, Weibchen.

Männchen des Monroviahechtlings.

Monroviahechtling, jugendliches Männchen.

Neonreisfisch oder Blue-Daisy-Reiskärpfling

Größe: 3-4 cm
Temperatur: 22-28 °C

Streng genommen gehören die Reiskärpflinge oder Medakas nicht zu den Killifischen, aber sie werden in der langen aquaristischen Tradition schon immer von den Killifreunden betreut. Der Blue Daisy ist die kleinste und zarteste der hier vorgestellten Arten; er wird drei bis vier Zentimeter lang und stammt ursprünglich von der indonesischen Insel Sulawesi. Reisfische sind ausgesprochen soziale Tiere, die immer in einer Gruppe von mindestens zehn Exemplaren gepflegt werden sollten. Da der Neonreisfisch absolut friedlich ist, kann er auch mit wirklich kleinen Fischen kombiniert werden, umge-

Neonreisfisch, Männchen.

kehrt sollte man keine Rabauken, wie z. B. Sumatrabarben oder Blutsalmler, mit Blue Daisys pflegen. Die Temperaturansprüche dieser Art liegen bei 22 bis 28 °C.

Neonreisfisch in Balzfärbung.

Männchen in Normalfärbung.

Foto: @jjphoto.dk

Regenbogenfische

Regenbogenfische und die nahe mit ihnen verwandten Blauaugen stammen aus Australien und Neuguinea. Es gibt etwa 80 Arten Regenbogenfische und rund zwanzig Arten Blauaugen, von denen sehr viele Arten farblich unterschiedliche Lokalformen ausbilden. Aus Madagaskar kommen die ebenfalls nahe verwandten Rotschwanz-Ährenfische mit etwa fünfzehn Arten und von der Insel Sulawesi stammen die Sonnenstrahlenfische mit weiteren etwa fünfzehn Arten. Es handelt sich um sehr bunte Schwarmfische, die in der Natur in Fließgewässern und Seen vorkommen. Viele Arten und Lokalvarianten haben eine nur begrenzte Verbreitung und sind darum durch Umweltverschmutzung und Biotopzerstörung vom Aussterben bedroht. Glücklicherweise sind die meisten Arten leicht im Aquarium zu pflegen und zu züchten, sodass schon viele Arten von Aquarianern vor dem Aussterben gerettet werden konnten. Die kleinsten Arten der Blauaugen werden nur drei bis vier Zentimeter lang, die größten Regenbogenfische um zwanzig Zentimeter. Regenbogenfische wachsen erstaunlich langsam, viele Arten sind erst nach zwei Jahren voll ausgewachsen.

Aquarium mit Regenbogenfischen

Regenbogenfische und verwandte Arten brauchen drei Dinge: möglichst viel Platz zum Schwimmen, sauberes, wenig belastetes Wasser und die Gesellschaft von Artgenossen. Auch wenn es für die Fische nicht zwingend notwendig ist, so ist ein möglichst hell beleuchtetes Aquarium von Vorteil, weil hier einerseits feinfiedrige Pflanzen wachsen können, was die Fische sehr schätzen, und zum anderen sind die Tiere in hell erleuchteten Aquarien farbenprächtiger.

Aufgrund ihres relativ kleinen Maules können Regenbogenfische und verwandte Arten keine großen Futterbrocken fressen. Es sind sehr schwimmaktive Fische, je größer das Aquarium ist, desto wohler fühlen sie sich. Als Faustregel kann gelten, dass das Aquarium für einen kleinen Trupp (fünf bis zehn Exemplare) mindestens die zehnfache Länge und die fünffache Tiefe und Höhe der erwarteten Endgröße der Pfleglinge haben sollte.

Keine dieser Arten betreibt Brutpflege, die Eier werden in feinen Wasserpflanzen abgesetzt und sich selbst überlassen. Einige Wasserpflanzenbüsche, Schwimmpflanzen etc. sollten darum im Aquarium vorhanden sein. Die Tiere sind Dauerlaicher, d.h. sie haben keine festen Laichzeiten, sondern legen nahezu täglich Eier. Während der Balz und des Ablaichens färben sich die Männchen besonders prächtig. Die Jungtiere sind winzig und benötigen Spezialfutter zum Wachsen. Eine Dekoration mit Wurzeln und Steinen ist möglich, doch sollte der Schwimmraum der Tiere nicht ohne Not eingeschränkt werden. Die Wassertemperatur für alle Arten kann zwischen 22 und 28 °C liegen.

Jungtiere vieler Arten sind noch ziemlich farblos, daher findet man nur verhältnismäßig wenige Arten regelmäßig im Handel. Die Männchen fechten häufig harmlose Kämpfe miteinander aus, wobei sie besonders intensive Farben zeigen. Regenbogenfische sind Idealfische für Gesellschaftsaquarien, da sie friedlich und bunt sind und den Pflanzenwuchs unangetastet lassen. Werden verschiedene Arten von Regenbogenfischen gemeinsam gepflegt, so kommt es oft zu unerwünschten Kreuzungen. Weil viele Arten in der Natur vom Aussterben bedroht sind, kommt der Arterhaltung im Aquarium eine bedeutende Rolle zu. Alle Arten sind vergleichsweise langlebige Fische, die leicht mehrere Jahre im Aquarium leben können.

Lachsroter Regenbogenfisch.

Diamant- oder Neonregenbogenfisch

Diamantregenbogenfisch, ein älterer Herr.

Diamantregenbogenfisch, junges Tier.

Größe: 6-7 cm
Temperatur: 22-28 °C

Der Diamantregenbogenfisch ist eine der kleinsten Arten der eigentlichen Regenbogenfische. Er wird nur sechs bis sieben Zentimeter lang und zeigt bereits ab drei Zentimeter Länge seine prächtig schillernde Körperfärbung. Darum ist er eine der beliebtesten Arten. Im Alter werden die Männchen hochrückig und dann entwickelt sich auch das Rot in den senkrechten Flossen sehr intensiv. Da der Diamantregenbogenfisch nur auf der Insel Neuguinea und dort nur in einem kleinen Gebiet in der Irian Jaya genannten westlichen Hälfte der Insel vorkommt, stammen alle Diamantregenbogenfische im Handel von einigen wenigen Tieren ab. Nachlässig aufgezogene Tiere sind krankheitsanfällig, gut aufgezogene nicht.

Aquamarin-Regenbogenfisch

Größe: 10-12 cm
Temperatur: 22-28 °C

Aquamarin-Regenbogenfisch.

Der intensiv blaue Aquamarin-Regenbogenfisch wird deutlich größer als der Diamantregenbogenfisch und braucht, weil es sich um eine lebhafte und schwimmfreudige Art handelt, entsprechend große Aquarien. Weil er für Regenbogenfisch-Verhältnisse früh ausfärbt und bereits mit fünf bis sechs Zentimeter Länge geschlechtsreif wird, findet man ihn häufig im Zoofachhandel. In der Natur gibt es diese Art nur in einem einzigen See und dessen Abfluss auf Neuguinea. Alle im Handel befindlichen Exemplare sind Nachzuchttiere. Wie bei vielen anderen Regenbogenfischen findet man auch beim Aquamarin-Regenbogenfisch ein interessantes Phänomen: Sie laichen am liebsten morgens, direkt nach dem Einschalten der Beleuchtung. Und dann färben sie sich so intensiv um, dass man nur staunen kann, die Männchen bekommen eine helle Stirnblesse und leuchten prächtig.

Aquamarin-Regenbogenfisch, Männchen ...

...und Weibchen.

Harlekin- oder Boesemans Regenbogenfisch

Größe: 10-12 (max. 15) cm
Temperatur: 22-28 °C

Der blau-rote Boesemans Regenbogenfisch ist seit seiner aquaristischen Entdeckung im Jahr 1981 nicht wieder aus den Aquarien verschwunden. Eine Zeit lang war er so begehrt, dass er massenhaft für den Export gefangen wurde; fast ausschließlich für den japanischen Markt, wo irre Summen dafür bezahlt wurden. Man befürchtete sogar eine Überfischung der nur in einem sehr kleinen Gebiet vorkommenden Tiere und erließ darum ein Exportverbot. Alle im Handel befindlichen Tiere sind seit Jahrzehnten Nachzuchten, eine Gefahr der Überfischung der natürlichen Bestände gibt es darum schon längst nicht mehr. Es gibt einige Zuchtselektionen, die so in freier Natur nicht vorkommen und z. B. intensiver rot-orange gefärbt sind als die Naturform. Es sind ganz wundervoll farbige Fische, zudem die perfekte Einsteigerart für alle, die sich erstmals an Regenbogenfischen versuchen wollen, denn weder die Pflege noch die Zucht sind schwierig. Allerdings sollte man bedenken, dass diese Fische sehr langlebig sind und leicht zehn bis zwölf Zentimeter erreichen, manchmal auch fünfzehn Zentimeter. Man sollte darum ausreichend große Aquarien (ab 120 Zentimeter Kantenlänge) für sie zur Verfügung haben, denn in zu kleinen Aquarien können sie sich nicht richtig ausleben. Mit zunehmendem Alter werden die Männchen immer hochrückiger.

Boesemans Regenbogenfisch, Weibchen.

Boesemans Regenbogenfisch, Rot.

Boesemans Regenbogenfisch im Gesellschaftsaquarium.

Lachsroter Regenbogenfisch

Größe: 12-15 cm
Temperatur: 22-28 °C

Zu den prachtvollen Klassikern unter den Regenbogenfischen zählt der Lachsrote Regenbogenfisch. Man kann gut verstehen, dass dieser Fisch in den 1970er-Jahren, als nur zwei, relativ unscheinbare Arten dieser Fischgruppe im Hobby bekannt waren, wahre Begeisterungsstürme auslöste. Die Heimat des Lachsroten Regenbogenfisches liegt im westlichen Papua-Neuguinea, wo er den Sentani-See und seine Umgebung bewohnt. Wegen der zunehmenden Verschmutzung des Sees gilt die Art als gefährdet. Im Hobby sind ausschließlich Nachzuchttiere vertreten. Der Lachsrote Regenbogenfisch wird im männlichen Geschlecht fünfzehn Zentimeter groß, Weibchen bleiben kleiner. Bezüglich der Färbung steigert sich die rot funkelnde Pracht mit jedem Zentimeter, den der Fisch wächst. Aber auch die handelsüblichen, sechs bis sieben Zentimeter langen Tiere sind bereits sehr hübsch gefärbt.

Schön in der Gruppe, der Lachsrote Regenbogenfisch.

Rotschwanz-Ährenfisch

Größe: 10-12 cm
Temperatur: 22-28 °C

Dies ist der einzige Aquarienfisch, der von der großen, zeitgeschichtlich alten Insel Madagaskar kommt. Alle anderen Süßwasserfische dieser Insel, die leider häufig aufgrund von massiven Umweltveränderungen vom Aussterben bedroht sind, sind nur für Spezialisten geeignet. Der schöne Rotschwanz-Ährenfisch wird zehn bis zwölf Zentimeter lang und rund zehn Jahre alt, in der Natur bleibt er allerdings immer kleiner und derartig alt wird wohl auch kein freilebendes Exemplar. Obwohl die Ährenfische nur weitläufig mit den australischen Regenbogenfischen verwandt sind, gleichen sie ihnen bezüglich des Verhaltens sehr. Männchen und Weibchen unterscheiden sich in der Färbung der Flossen. Die sexuelle Reife setzt bereits in einem Alter von weniger als einem Jahr ein, dann sind

Rotschwanz-Ährenfisch, Männchen.

die Tiere für gewöhnlich vier bis sechs Zentimeter lang. Bei sehr großen Exemplaren muss man etwas aufpassen, sie haben ein relativ großes Maul, in dem durchaus ein halbwüchsiger Guppy verschwinden kann. Man sollte also nur Fische mit ihnen vergesellschaften, die mindestens halb so groß sind wie die Rotschwanz-Ährenfische, um auf der sicheren Seite zu sein.

Männchen einer zweiten Art von Rotschwanz-Ährenfischen.

Paskas Blauauge oder Neon-Blauauge

Paskas Blauauge, Paar.

Paskas Blauauge, Männchen.

Größe: ca. 3,5 cm
Temperatur: 22-28 °C

Blauaugen sind entfernte Verwandte der Regenbogenfische und kommen ebenfalls in Australien und Neuguinea vor. Es sind kleine, niedliche Fische, die meist nur drei bis vier Zentimeter lang werden. Weil sie relativ empfindlich sind und als Jungtiere unscheinbar, sind sie im Zoofachhandel normalerweise nicht anzutreffen, obwohl viele von ihnen sehr schön sind. Doch es gibt eine Ausnahme: Paskas Blauauge. Diese Neuentdeckung kam erstmals 2012 auf den Markt und eroberte die Herzen der Aquarianer im Sturm. Die Art war zu diesem Zeitpunkt für die Wissenschaft noch unbekannt. Sie stammt aus dem südlichen Neuguinea und erhielt erst 2016 einen gültigen wissenschaftlichen Namen. Es versteht sich von selbst, dass man diesen zarten Zwerg nicht mit Rabauken zusammen pflegen darf, aber davon abgesehen ist er ein ideales und leicht zu pflegendes Fischchen, das etwa 3,5 Zentimeter lang wird und bevorzugt in den oberen Wasserschichten schwimmt. Die Männchen rangeln häufig harmlos untereinander oder balzen um die Weibchen, die an den wesentlich kleineren Flossen zu erkennen sind. Man sollte stets mindestens zehn Exemplare beiderlei Geschlechts zusammen pflegen, dann hat man immer etwas zu beobachten! Es gibt mehrere farblich leicht voneinander abweichende Formen bei Paskas Blauauge; die Experten sind sich noch nicht einig, ob das Farbvarianten oder verschiedene Arten sind.

Welse

Als Welse bezeichnet man eine große Anzahl von verschiedenen Fischfamilien. Ein gemeinsames Merkmal der Welse sind die meistens gut ausgebildeten Barteln (fadenartige Tast- und Geschmacksorgane) rund um das Maul und das Fehlen von Schuppen (der Körper ist entweder nackt oder mit Knochenplatten bedeckt). Die kleinsten Welsarten werden etwa 1,5 Zentimeter, die größten rund drei Meter lang. Es ist also eine gute Artenkenntnis notwendig, um entscheiden zu können, ob sich eine Welsart für das heimische Aquarium eignet, da man den im Handel befindlichen Jungtieren nicht ansehen kann, wie groß sie einmal werden. Im Grunde genommen sind alle Welse interessante Aquarienfische, allerdings eignen sich von sehr großwüchsigen Arten nur Jungtiere für das „normale" Zimmeraquarium. Auf den Etiketten am Verkaufsaquarium im Zoofachhandel ist die zu erwartende Endgröße der jeweiligen Art angegeben.

Es gibt etwa 3.400 Welsarten in 38 Familien. Für das erste Aquarium empfehlen wir nur einige Arten aus zwei Familien, den Panzer- und den Saugwelsen.

Viele verschiedene Panzerwelse suchen hier im Boden nach Futter.

Panzerwelse zeichnen sich durch die Kombination folgender Merkmale aus: Der Körper ist von Knochenplatten umhüllt; die ersten Strahlen von Rücken- und Brustflossen sind Stacheln (Vorsicht beim Fangen, daran kann man sich gemein stechen!); das Maul ist von Barteln umgeben und zahnlos. Die Panzerwelse sind sehr artenreich: Etwa 170 Arten sind wissenschaftlich bekannt, etwa noch einmal so viele Arten kennt man bereits in der Aquaristik als C- oder CW-Nummern, die jedoch wissenschaftlich noch nicht bearbeitet sind. Alle Panzerwelse stammen aus Südamerika. Von wenigen Ausnahmen abgesehen sind es bodenbewohnende Arten. Von überragender Bedeutung für die erfolgreiche Pflege ist daher die Struktur des unteren Beckendrittels. Ein Teil des Aquarienbodens sollte mit feinem Flusssand (kein industriell hergestellter Bausand!) bedeckt sein, in dem die Fische wühlen können. Von einer zu starken Strukturierung durch Steine und Wurzeln ist abzusehen. Panzerwelse sind gesellige Tiere und sollten im Trupp von wenigstens sechs bis acht Exemplaren gepflegt werden. Dabei ist es relativ unerheblich, ob die Gruppe aus derselben Art oder aus verschiedenen Arten besteht.

Metallpanzerwels.

Die am häufigsten im Aquarium gepflegten Panzerwelsarten sind völlig anspruchslos und kommen in der Natur häufig in organisch und bakteriell stark belastetem Wasser vor, weshalb sie eine enorme Toleranz gegen Lebensbedingungen zeigen, die für andere Fische ungünstig sind – man sollte aber wissen, dass es auch wirklich anspruchsvolle Arten gibt. In der Natur ernähren sich Panzerwelse hauptsächlich von sogenanntem Detritus (ein anderes Wort dafür ist Mulm), das sind zerfallende pflanzliche und tierische Überreste. Panzerwelse sind im Aquarium völlig problemlos mit allen handelsüblichen Futtermitteln für Zierfische zu ernähren (Trocken-, Frost- und Lebendfutter). Gerne werden sie auch als Restevertilger im Aquarium gepflegt. Es ist aber unbedingt darauf zu achten, dass sie auch genügend Futter abbekommen! Totes Laub (Seemandelbaum, Buche, Eiche, Erle, Birke) sollte für alle Arten als Nahrungsergänzung stets zur Verfügung stehen, es kommt der Nahrung der Fische im natürlichen Lebensraum sehr nahe.

Panzerwelse sind ruhige, aber aktive Schwimmer. Die Mindestaquariengröße sollte das Fünf- bis Zehnfache der Körpergröße als Länge und das Drei- bis Fünffache als Tiefe aufweisen. In der Natur leben die meisten Panzerwelse wohl nur eine Saison, im Aquarium zählen sie jedoch zu den langlebigen Pfleglingen.

Die Saugwelse stellen die artenreichste Familie der Welse überhaupt dar. Es sind bislang ca. 1.000 Arten wissenschaftlich beschrieben worden, von denen ca. 890 Arten in 106 Gattungen gültig sind. Viele wissenschaftlich noch nicht bestimmte Arten sind als L-Nummern oder LDA-Nummern bereits in der Aquaristik verbreitet. Es gibt sehr kleine Arten, die nur etwa 1,5 Zentimeter lang werden, aber auch Arten, die fast einen Meter lang werden. Saugwelse, auch Harnischwelse genannt, leben in Süd- und Mittelamerika. Sie haben ein Saugmaul (Name!) und einen den Körper umhüllenden Knochenpanzer. Viele Arten sind in der Aquaristik als Algenfresser beliebt, andere wegen ihrer bizarren Körperform oder auch wegen ihrer attraktiven Färbung oder schönen Beflossung. Alle Harnischwelse haben Zähne, deren Form die Art des Nahrungserwerbs anzeigt: Es gibt reine Algen- und Aufwuchsfresser (feine, kissenartige Zahnfelder), Allesfresser (relativ breite Zahnfelder), Holzfresser (löffelförmige Zähne) und Fleischfresser (hakenförmige Zähne).

Alle Welse pflanzen sich eierlegend fort. Einige betreiben keinerlei Brutpflege, darunter fast alle Panzerwelse und Zwergsaugwelse, andere legen ihre Eier, die anschließend vom Männchen betreut werden, an festen Gegenständen oder in Höhlen ab (z. B. Antennenwelse).

Aufwuchs- und Algenfresser unter den Saugwelsen – und in diese Kategorie fallen alle hier vorgestellten Arten – können im Aquarium problemlos mit Flockenfutter und Futtertabletten ernährt werden. Zusätzlich reicht man regelmäßig Pflanzenkost in Form von Salatgurkenscheiben und Totlaub (Seemandelbaum, Walnuss, Buche, Eiche, Birke, Ahorn etc.). Bei diesen Tieren ist auf ballaststoffreiche, fett- und eiweißarme Ernährung zu achten.

Marmorierter Panzerwels.

Eine Gruppe Panda-Panzerwelse.

Metallpanzerwelse aus Venezuela sind besonders attraktiv durch ihre orangefarbenen Flossen.

Saugwelse sind keine aktiven Schwimmer und haben nur ein vergleichsweise geringes Bewegungsbedürfnis. Sie leben substratgebunden und schwimmen so gut wie nie im freien Wasser. Die Aquariengröße kann aus diesem Grund verhältnismäßig gering ausfallen und etwa das Fünf- bis Sechsfache der Endgröße des Fisches als Länge und das Zwei- bis Vierfache als Breite aufweisen. Die Beckenhöhe ist unerheblich.

Das Aquarium sollte für die meisten Arten sehr versteckreich eingerichtet sein. Zur Dekoration eignen sich Steine, Wurzelholz und speziell getöpferte Tonröhren. Viele Saugwelse verteidigen einen kleinen Individualbereich, in dem Artgenossen nicht geduldet werden, können jedoch grundsätzlich als friedlich charakterisiert werden. Panzer- und Saugwelse sind langlebige Fische, selbst kleine Arten leben mehrere Jahre, große können auch Jahrzehnte alt werden.

Metallpanzerwels

Größe: 5-6,5 cm
Temperatur: 20-28 °C

Der Metallpanzerwels ist über den größten Teil von Südamerika verbreitet, vom Süden bis in den Norden. Überall sieht er etwas anders aus. Die seit vielen Jahrzehnten im Aquarium gezüchteten Fische sind oft (unbeabsichtigte) Kreuzungen und darum recht variabel. Allen gemeinsam ist ein metallischer Schimmer auf dem Körper, der zum deutschen Namen führte, den aber andere Panzerwelsarten auch aufwei-

sen können. Metallpanzerwelse, die auf Tiere aus Venezuela zurückgehen, haben oft prächtig orangerote Flossen, bei anderen fehlt dieses Merkmal. Es gibt Albino-Zuchtformen, solche mit Schleierflossen und ganz schwarze Tiere. Metallpanzerwelse sind sehr fruchtbar, aber ohne Eingreifen des Pflegers werden Eier und Jungfische von anderen Aquarienbewohnern gefressen. Bei der Balz stellt sich das Männchen

Junger Metallpanzerwels.

Metallpanzerwels, Männchen.

Langflossige Zuchtform.

Schwarze Metallpanzerwelse.

Metallpanzerwels, Albinoform.

wie ein T vor das Weibchen und klemmt dessen Barteln mit dem Brustflossenstachel fest. Die Eier kommen in eine Tasche, die das Weibchen am Bauch aus den dort befindlichen Flossen bildet. Dann schwimmt das Weibchen herum und klebt die Eier an Pflanzen oder andere Gegenstände an. So laichen alle Panzerwelse. Die Temperaturansprüche des Metallpanzerwelses liegen zwischen 20 und 28 °C.

Marmorierter Panzerwels

Größe: 5-6 (selten 7) cm
Temperatur: 18-24 °C

Dieser Veteran unter den Aquarienfischen wurde bereits 1878 von dem Pariser Aquaristik-Pionier Pierre Carbonnier nachgezüchtet, außerhalb Frankreichs ist die Art seit 1893 verfügbar. Nachzuchten gibt es seither immer und auch

diverse Zuchtformen (langflossig, albinotisch etc.) sind stets im Handel verfügbar. Der Marmorierte Panzerwels wird normalerweise 5-6 cm, selten bis 7 cm groß. Er stammt aus dem Süden Südamerikas, wo es manchmal ziemlich kalt wird. Darum ist er sehr temperaturtolerant und kann, wenn man das wünscht, auch gut ohne Aquarienheizung im Zimmeraquarium gepflegt werden (18-24 °C), z. B. zusammen mit Kardinalfischen oder dem Roten von Rio.

Panda-Panzerwels

Größe: 5-6 cm
Temperatur: 22-26 °C

Mit seiner kontrastreichen schwarz-weißen Zeichnung erinnert der Panda-Panzerwels tatsächlich etwas an den berühmten Bambusbären. Allerdings stammt der Panda-Panzerwels aus Peru und nicht aus China. Seit seiner Entdeckung durch reisende Aquarianer in den 1970er-Jahren hat sich der fünf bis sechs Zentimeter lange Fisch zu einer der Lieblings-Panzerwelsarten entwickelt. Auch von ihm gibt es Zuchtformen, die lange Schleierflossen haben. Der vollkommen friedliche Fisch ist mit den üblichen Wassertemperaturen von 22-26 °C glücklich.

Männchen des Panda-Panzerwelses.

Der Panda-Panzerwels gehört zu den Lieblingen der Aquarianer.

Blauer Antennenwels oder Ancistrus

Größe: 8-12 cm
Temperatur: 20-30 °C

Als die ersten Antennenwelse um 1930 importiert wurden, ahnte man noch nichts von den über 100, einander teils ähnlichen Arten, die es gibt – damals kannte man gerade mal eine Handvoll Arten. Darum wurden unabsichtlich verschiedene Arten gekreuzt, woraus letztlich der heutige Aquarien-Antennenwels entstand, den es so in der Natur nicht gibt, auch wenn einige Arten aus Paraguay ihm ziemlich ähnlich sehen und sicher in seiner Ahnenreihe vertreten waren. Schon immer hat man die wissenschaftlichen (lateinischen) Namen von sehr populären Fischen einfach auch als allgemein gebräuchliche Namen verwendet, so auch bei *Ancistrus*. Diese Saugwelse erreichen normalerweise eine Länge von acht bis zwölf Zentimetern, sie können aber unter noch nicht verstandenen Umständen deutlich größer werden. In der Natur ist es umgekehrt. Dort werden manche Antennenwelse bis 30 Zentimeter lang, aber ihre Jungen im Aquarium kaum zehn Zentimeter. Mit ihrem breiten Saugmaul und den kleinen bürstenartigen Zähnen raspeln die *Ancistrus* ständig feine Algenbeläge und die darin befindlichen Mikroorganismen ab. Dadurch bleiben die Scheiben oft algenfrei (das hängt natürlich von der Anzahl der Welse und der Größe der Scheiben ab), auch breite Pflanzenblätter, die durch Algen unansehnlich werden, putzen die *Ancistrus*. Füttert man allerdings nicht genug Grünzeug (z. B. tiefgekühlten Spinat, Kartoffel- oder Möhrenscheiben, Zucchini etc.), können die Pflanzen auch so heftig geputzt werden, dass sie die Verwundungen nicht überstehen. Achtung: Grünzeug gammelt sehr schnell im Aquarium, immer nur

Ancistrus-Männchen.

so viel füttern, wie binnen eines Tages restlos gefressen wird. Eventuelle Reste müssen unbedingt abends aus dem Aquarium genommen werden.

Die Männchen der Antennenwelse bekommen ein mächtiges „Geweih" auf der Schnauze, das allerdings ganz weich ist. Hingegen sind die Backenstacheln (Interopercularodontoden, die haben beide Geschlechter) dieser Fische, die sie bei Gefahr ausklappen, fiese Stecher – aber nicht giftig. Nur verheddern sich die Antennenwelse damit manchmal fürchterlich im Netz und sind dann nur mit viel Geduld wieder daraus zu befreien. Da Antennenwelse, übrigens genau wie Panzerwelse, für Notfälle über eine Luftatmung verfügen (sie schnappen Luft an der Oberfläche und pressen sie durch den Darm, wobei sie der Luft Sauerstoff entziehen), nehmen sie keinen Schaden, wenn sie einige Minuten im feuchten Netz sind. Nur Austrocknen dürfen sie nicht. Antennenwelse betreiben Brutpflege. Das Männchen besetzt eine Höhle. Das Weibchen kommt nur zum Laichen in

Albino-Ancistrus in der Schleierform.

Roter Ancistrus.

die Höhle, die Versorung der Eier obliegt dem Männchen. Die Eier sind groß und orangefarben vom Dotter. Darum sind auch die Jungtiere ziemlich groß und der Antennenwels gehört zu den wenigen Fischen, die sich auch ohne Zutun des Pflegers im Gesellschaftsaquarium vermehren können. Es gibt vom *Ancistrus* viele Zuchtformen, wildfarbene, schleierflossige, Albinos, rote und gescheckte Tiere. Untereinander achten sie auf Abstand, verfolgen sich aber gewöhnlich nicht; wer der Stärkere ist, machen sie mit Schwanzschlägen aus. Zu anderen Fischen sind die Antennenwelse völlig friedlich.

Maul von unten.

Zwergsaugwels oder Otocinclus

Größe: 3-4 cm
Temperatur: 24-26 °C

Auch hinter dieser Bezeichnung verbergen sich mehrere, einander sehr ähnliche Arten. Da diese kleinen Fische aber gewöhnlich nicht gezüchtet werden, weil sie in ihrer Heimat massenhaft vorkommen, gibt es keine Kreuzungsprodukte im Handel. Die verschiedenen Arten unterscheiden sich durch die Form und den Verlauf der dunklen Längsbinde und des Musters auf der Schwanzwurzel. Die wenig farbenfrohen Tierchen sind vor allem deshalb beliebt, weil ein Trupp von ihnen – und es sollten wirklich mindestens sechs bis acht Exemplare sein, je mehr, desto besser – sich als ausgezeichnete Putztruppe erweist und vor allem Pflanzen mit breiten Blättern blitzblank hält. Im Gegensatz zu den Antennenwelsen betreiben die *Otocinclus* – oft auch einfach als „Otos" bezeichnet – keine Brutpflege. Sie laichen auf die Art und Weise, wie das für die Panzerwelse beschrieben wurde und überlassen die Eier sich selbst. Da man meist nicht weiß, woher die Zwergsaugwelse exakt stammen, die man kaufen möchte, wählt man für sie

eine mittlere Wassertemperatur von 24-26 °C. Wenn man weiß, dass sie aus Paraguay kommen, kann man sie auch kühler halten, wenn sie aus Zentral-Brasilien, Kolumbien oder Venezuela sind, etwas wärmer. Doch die mittlere Temperatur ist für alle richtig.

Otocinclus hoppei stammt aus Peru.

Otocinclus vestitus aus Paraguay.

Otocinclus macrospilus aus Brasilien.

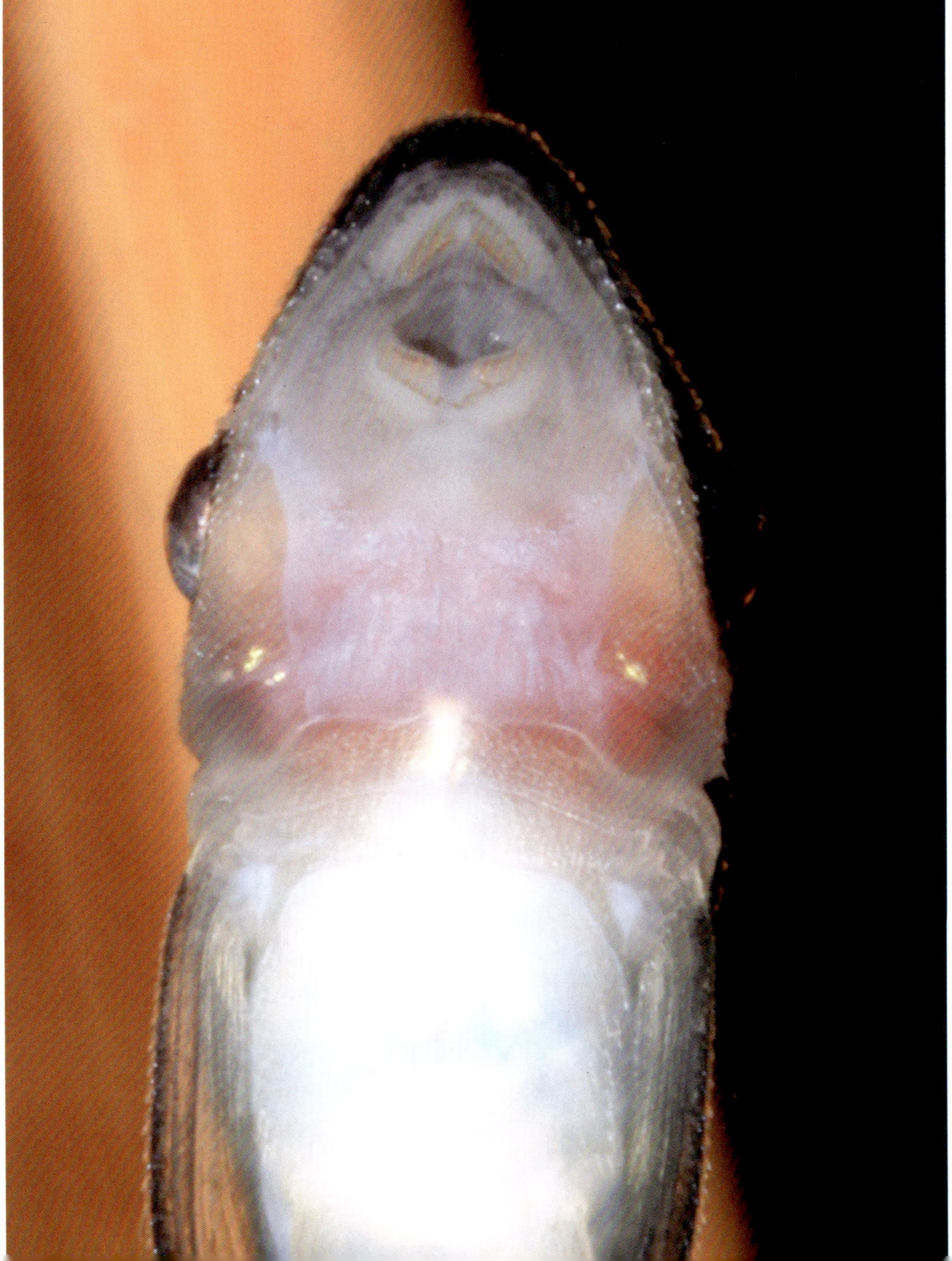

Labyrinthfische

Labyrinthfische kommen in Asien und Afrika vor. Ihr gemeinsames Merkmal ist, dass sie ein Hilfs-atmungsorgan (das Labyrinth, daher der Name) besitzen, wodurch sie atmosphärische Luft ver-atmen können. Die meisten Arten müssen in regelmäßigen Abständen an der Wasseroberfläche Luft holen, sonst ertrinken sie! Nur bei wenigen Arten reicht die normale Kiemenatmung, um den Sauerstoffbedarf zu decken. Die Gruppe umfasst etwa 160 Arten in etwa 20 Gattungen. Die meisten Arten werden zumindest von Spezialisten gepflegt und gezüchtet, da die Fische farben-prächtig sind und ein abwechslungsreiches und vielfältiges Brutpflegeverhalten zeigen. Einige – allen voran die Schleierkampffische und die Fadenfische – gehören zu den weltweit beliebtesten Zierfischen überhaupt, von denen zahlreiche domestizierte Formen existieren. Der ebenfalls zu den Labyrinthfischen zählende Paradiesfisch war nach dem Goldfisch der erste exotische Zier-fisch in Europa überhaupt, er wird seit 1869 im Aquarium gezüchtet.

Die Maximallänge ist artspezifisch sehr unterschiedlich und kann im Extremfall bei 1,5 oder über 60 Zentimeter liegen. Die allermeisten Arten werden zwischen vier und fünfzehn Zentimeter lang.

Die meisten Labyrinthfische leben in langsam fließenden oder stehenden Gewässern, die oft einen reichen Pflanzenwuchs aufweisen. Sie bewohnen meist relativ seichte Gewässer, die sich in den Tropen stark erwärmen. Die Mehrzahl der Arten gedeiht daher am besten bei Temperaturen zwischen 24 und 28 °C. Vor allem im Winter ist auf die Besonderheit der Luftatmung der Fische Rücksicht zu nehmen. In nicht abgedeckten Aquarien können sich die Fische erkälten, wenn ein Fenster zum Lüften geöffnet wird. Deswegen und wegen der Sprunggewandheit der Labyrinthfische sollte das Aquarium stets lückenlos abgedeckt sein.

Entsprechend dem natürlichen Lebensraum sollten alle Labyrinthfische immer Zugang zu sekundären Pflanzenstoffen haben. Laub (Seemandelbaum, Rotbuche, Eiche, Walnuss), Erlenzäpfchen, Torf oder spezielle Flüssigpräparate sind entsprechend bei jedem Wasserwechsel zuzugeben.

Blauer Fadenfisch.

Labyrinthfische sind ruhige Tiere, die keinen großen Schwimmraum benötigen. Zur Pflege eignen sich Aquarien, die etwa die achtfache mal die vierfache Körperlänge besitzen, also bei einer zehn Zentimeter langen Art 80 x 40 Zentimeter (Länge mal Breite). Die Aquarienhöhe ist unerheblich und kann zwischen 15 und 60 Zentimeter betragen. Außerhalb der Fortpflanzungszeit sind Labyrinthfische gewöhnlich friedlich, individuelle Ausnahmen sind jedoch möglich. Alle Labyrinthfische schätzen dicht bepflanzte Aquarien mit geringer bis mäßiger Strömung und gedämpfter Beleuchtung (Schwimmpflanzen).

Die meisten Labyrinthfische betreiben Brutpflege, immer ist es das Männchen, dem die Pflege der Eier obliegt und das ein Nest baut. Es gibt Nestbauer und Maulbrüter. Die Nestbauer bauen aus mit Speichel umhüllten Luftbläschen ein Schaumnest, meist an der Wasseroberfläche. Wenn die Tiere in Fortpflanzungsstimmung kommen, verteidigen diese Männchen teils energisch diesen Nestbereich. Labyrinthfische können einzeln, paarweise oder in gemischt- oder gleich-

Schleierkampffisch „Halfmoon Butterfly".

Schleierkampffisch „Crown Tail Thai Flag".

geschlechtlichen Gruppen gepflegt werden, je nach Interessenlage des Pflegers, für die Fische ist das unwesentlich.

Die meisten der häufig gepflegten Arten zeigen im Alter von etwa drei bis fünf Jahren erste Vergreisungserscheinungen. In der Natur leben nur sehr wenige Arten länger als ein Jahr.

Wegen ihrer Farbenpracht und ihres interessanten Verhaltens werden Labyrinthfische von mehreren, international operierenden Liebhaberorganisationen betreut und manche Arten so vor dem Aussterben bewahrt. Im Zoofachhandel sind allerdings gewöhnlich nur etwa 20 Arten regelmäßig anzutreffen. Bei der Pflege im Gesellschaftsaquarium ist es sehr wichtig, sie nicht mit flossenzupfenden Arten (Sumatrabarben, Blutsalmler) zu kombinieren, sie ruinieren den Labyrinthern das Flossenwerk und treiben sie in den Wahnsinn.

Zwergfadenfisch

Größe: 4-6 cm
Temperatur: 24-28 °C

Der Zwergfadenfisch stammt ursprünglich aus Indien, wo die wilden Ahnen der Aquarienfische nur etwa vier Zentimeter lang werden. Die im Aquarium gezüchteten Zwergfadenfische werden aber viel größer, etwa sechs Zentimeter. Weil die Männchen so unglaublich farbenprächtig sind (die Weibchen sind deutlich unscheinbarer), werden Zwergfadenfische in riesigen Mengen gezüchtet, und so entstanden viele wunderschöne Farbvarianten, z. B. flächig rote Tiere, neonfarbene, stahlblaue usw. Der Zwergfadenfisch ist ein typischer Labyrinth-

Wildform des Zwergfadenfischs, Weibchen.

Wildform des Zwergfadenfischs, Männchen.

Zwergfadenfisch, Rot.

Zwergfadenfisch „Neon Coral".

fisch, bei dem das Männchen sehr stabile und kompakte Schaumnester baut. Die zahlreichen Jungtiere (über 200) sind winzig klein und können nur von sehr erfahrenen Spezialisten aufgezogen werden. Im normalen Aquarium werden nur ganz ausnahmsweise vereinzelt Jungtiere groß. Der einzige wirkliche Nachteil des Zwergfadenfischs ist seine

Kurzlebigkeit. In der Natur lebt er nur wenige Monate. Im Aquarium kann man stolz sein, wenn er drei Jahre alt wird.

Männchen des kobaltblauen
Zwergfadenfischs.

Zwergfadenfisch, Neon.

Blauer Fadenfisch

Blauer Fadenfisch.

Cosby-Fadenfisch.

Größe: 8-12 cm (15 cm)
Temperatur: 24-28 °C

Den Blauen Fadenfisch gibt es in freier Natur nicht. Die Wildform nennt man Punktier-
ten Fadenfisch, sie ist weit im tropischen und
subtropischen Südostasien verbreitet und von
brauner Grundfärbung. Im Zoofachhandel ist
die Wildform fast nie zu finden. Dafür aber etliche weitere Zuchtformen, wie der Goldene,
der Mamor- oder Cosby-Fadenfisch oder der
Opal-Fadenfisch. Sie alle gehören zur gleichen
Art und können darum auch gemeinsam gepflegt werden. Der Blaue Fadenfisch wird gut
doppelt so groß wie der Zwergfadenfisch. Es
wird immer wieder mal davon berichtet, dass
fünfzehn Zentimeter lange Tiere existieren. Ich
selbst habe aber in über 40 Jahren intensiver
Beschäftigung mit Fischen noch keinen Blau-
en Fadenfisch gesehen, der größer als zehn

Zentimeter gewesen ist. Männchen des Blauen Fadenfischs können, wenn sie in Brutstimmung kommen, ganz schön garstig werden. Man kann dem gut entgegenwirken, indem man die Wassertemperatur nicht wesentlich über 24 °C steigen lässt. In der Natur lebt gerade diese Art auch in Gebieten, in denen es ziemlich kalt (um 15 °C) werden kann. Bei Temperaturen unter 20 °C werden Blaue Fadenfische aber krankheitsanfällig. In der Natur ist das egal, im Aquarium möchte man das aber nicht. Im Gegensatz zum Zwergfadenfisch lebt der Blaue Fadenfisch deutlich länger und kann bis zu sechs Jahre alt werden. Männchen und Weibchen sind gleich gefärbt, man erkennt die

Männchen an der spitzen Rückenflosse, beim Weibchen ist sie abgerundet. Das Männchen des Blauen Fadenfischs baut ein großes, meist flächiges Schaumnest, die sehr zahlreichen Jungen (viele Hundert) sind auch hier winzig klein.

Goldener Fadenfisch, Weibchen (oben) und Männchen (unten).

Schleierkampffisch

Größe: 6 cm (plus Flossenlänge)
Temperatur: 24-28 °C

Schon seit Jahrhunderten werden in Thailand kurzflossige Kampffische gezüchtet. Werden zwei Männchen, die sich nicht kennen, zusammengesetzt, fangen sie sofort an, miteinander zu kämpfen und auszumachen, wer der Stärkere ist. Auf den Ausgang des Kampfes werden hohe Summen gesetzt, sodass sich schon viele Wetter ruiniert haben, weshalb die Kämpfe heute illegal sind. Schleierkampffische wurden aber nie für Wettkämpfe verwendet. Sie gibt es erst seit etwa 100 Jahren und wurden speziell für den Export in die USA und nach Europa gezüchtet, wo sie die Aquarienliebhaber seither begeistern. Da aber auch Schleierkampffische sofort eine Rangordnung auskämpfen, wobei die wallende Flossenpracht zerstört wird, sollte man unter normalen Umständen nur ein Männchen pro Aquarium pflegen. Gegen artfremde Fische (Ausnahme: schleierflossige Guppys) sind Schleierkampffische jedoch friedlich, auch gegen Weibchen ihrer Art. Aber Achtung: Unabsichtlich sind bei den Weibchen im Handel oft kurzflossige Männchen, die bei der Zucht der Schleierkampffische herausmendeln. Für das Gesellschaftsaquarium sollte man nur hundertprozentig sichere Weibchen

Schleierkampffisch „Violett".

Schleier-
kampffisch
„Black Blue".

Geschlechtsreife Weibchen kann man von
kurzflossigen Männchen anhand des weißen
Pickels am Bauch unterscheiden.

einsetzen, sonst riskiert man, dass „gerupf-
te Hühner" durch das Aquarium schwimmen.
Die Flossen wachsen zwar alle wieder nach,
jedoch nie so schön. Man erkennt die Weibchen an einem weißen Pickel unmittelbar vor
der Afterflosse am Bauch; junge Weibchen haben ihn noch nicht, Männchen nie. Auch der
Schleierkampffisch ist ein Schaumnestbauer.
Es gibt von keiner Fischart – außer vielleicht
vom Guppy – so viele Zuchtformen wie vom
Schleierkampffisch. Manche sind sehr preiswert, andere kosten ein kleines Vermögen.
In der Pflege unterscheiden sie sich nicht.
Schleierkampffische leben leider nur ein bis
zwei Jahre.

Schleierkampffisch
„Delta Koi".

Schleierkampffisch

Schleierkampffisch
„Fahnenschwanz", Rot.

Schleierkampffisch „Türkis".

Schleierkampffisch „Rosetail", Rot.

Schleier-
kampffisch
„Halfmoon".

Schleierkampf-
fisch „Halfmoon,
Black-Yellow".

Buntbarsche

Buntbarsche oder Cichliden sind mit rund 1.700 Arten in etwa 230 Gattungen eine sehr artenreiche Fischfamilie. Fast alle Arten leben im Süßwasser. Viele haben weltweit eine große Bedeutung als Speisefisch, manche (*Tilapia*) werden auf der ganzen Welt in Aquakultur vermehrt. Auch aquaristisch gehören die Buntbarsche zu den wichtigsten Fischen. Es gibt sowohl Zwergarten, die nur vier bis fünf Zentimeter lang werden, wie auch sehr große Fische von gut 80 Zentimeter Länge. Im Aquarianerjargon werden Buntbarsche oft einfach als „Barsche" bezeichnet, was zoologisch falsch ist. Es soll damit ausgedrückt werden, dass es sich um räuberische Fische handelt, die zu bestimmten Zeiten gerne wühlen und andere Fische im Aquarium attackieren können, was für viele Arten durchaus zutrifft. Darum werden hier aus der großen Artenfülle nur ganz wenige, besonders friedliche Arten empfohlen. Eine Spezialgruppe, die Buntbarsche des Malawisees in Afrika, werden separat behandelt.

Maronibuntbarsch.

Purpurprachtbarsche mit Jungen.

Alle Buntbarsche betreiben Brutpflege, wozu sie zumindest zeitweise Brutreviere besetzen, aus denen alle anderen Fische rigoros vertrieben werden. Der wichtigste Anspruch, den die Tiere an das Aquarium stellen, ist, dass ihnen dieses Verhalten ermöglicht wird. Es gibt sogenannte Offenbrüter, die ihre Eier an Steinen, Wurzeln oder Pflanzenblättern anheften. Sie brauchen ein entsprechendes Ablaichsubstrat. Andere Cichliden sind Höhlenbrüter, die als Reviermittelpunkt eine entsprechende Höhle benötigen. Schließlich gibt es Maulbrüter, die nur für relativ kurze Zeit ein Ablaichrevier verteidigen, da sie anschließend mit dem Laich (sogenannte ovophile Maulbrüter) oder mit den frisch geschlüpften Larven (larvophile Maulbrüter) umherschwimmen, wozu sie kein Revier benötigen. Offen- und Höhlenbrüter bilden gewöhnlich eine Elternfamilie, bei der beiden Elternteilen Aufgaben bei der Brutpflege zufallen, während Maulbrüter nur selten eine Elternfamilie bilden. Häufiger obliegt die Maulbrutpflege allein dem Weibchen. Sämtliches Brutpflegeverhalten ist artspezifisch und wird vererbt. Es ist wichtig, sich über das spezielle Brutpflegeverhalten der jeweils gepflegten Art zu informieren, da sich danach die Einrichtung und Zusammensetzung der Fischgesellschaft im Aquarium zu richten hat.

Die chemische Zusammensetzung des Wassers ist für sehr viele Buntbarsche von Bedeutung, die hier vorgestellten Arten sind aber mit jedem Leitungswasser glücklich.

Viele Buntbarsche werden sehr zahm und sind ausgesprochen verfressen, weshalb darauf zu achten ist, dass nicht zu viel gefüttert wird. Im Vergleich zu den meisten anderen Aquarienfischen haben Buntbarsche eine individuelle Persönlichkeit, sie wirken intelligent auf uns. Das macht ihre Pflege so besonders reizvoll.

Die meisten Buntbarsche sind ruhige Fische mit einem mäßigen Bewegungsdrang. Einzeln gehaltene Exemplare können darum in relativ kleinen Aquarien gepflegt werden (Aquarienlänge: Körperlänge mal 5, Breite und Höhe: Körperlänge mal 3). Da die meisten Aquarien jedoch zumindest ein Paar beherbergen und oft auch noch andere Fische, sollte das Aquarium so groß wie möglich gewählt werden, um die Folgen eventuell aggressiven Verhaltens zu mildern. Auch außerhalb der Fortpflanzungszeit verteidigen viele Tiere eine gewisse Individualdistanz. Ein Beispiel: Ein 20 Zentimeter langer Buntbarsch aus Mittelamerika, der in einem 120 Zentimeter langen Aquarium zum Mörder an allen Mitinsassen werden kann, lebt mit der gleichen Fischgesellschaft in einem 180 Zentimeter langen Aquarium völlig friedlich zusammen. Die erforderliche Aquariengröße richtet sich also nach den individuellen Vorgaben jedes Aquariums.

Für die allermeisten Buntbarsche ist eine gut strukturierte Unterwasserlandschaft sehr günstig, da die Fische eine gute räumliche Vorstellungskraft haben und sich anhand optischer Marken das Revier aufbauen. Steinaufbauten (Vorsicht vor Unterwühlung!), Wurzeln und große, eventuell getopfte Solitärpflanzen sind darum günstig.

Je nach Art können Buntbarsche mehrere Jahre bis Jahrzehnte alt werden, sie wachsen anfangs rasch und werden spätestens im Alter von neun bis zwölf Monaten geschlechtsreif. Sie haben dann etwa die Hälfte bis zwei Drittel der Endgröße erreicht. Im Alter von 2 bis 2,5 Jahren sollte ein Buntbarsch voll ausgewachsen sein.

Buntbarsche sind Fische voller Charakter mit einer großen Vielfalt an Verhaltensäußerungen. Viele größer werdende Arten sind außerdem ausgesprochene Individualisten. Es gibt lammfromme Exemplare und wahre Killer, obwohl sie der gleichen Art angehören. Ein gewisses Risiko ist daher immer mit der Pflege von Buntbarschen verbunden. Die im Folgenden vorgestellten Arten sind allerdings fast immer sehr friedlich und passen gut in ein Gesellschaftsaquarium.

Skalar „Bicolor Blue".

Purpurprachtbarsch, Albino-Männchen.

Skarlar „Belem Sky Blue".

Segelflosser oder Skalar

Größe: 10-15 cm
Temperatur: 22-28 °C

Dieser Buntbarsch ist in vielerlei Hinsicht eine Ausnahmeerscheinung in
seiner Familie. Der ungewöhnliche
Körperbau mit dem scheibenförmigen
Körper und den hohen Flossen ist fas-
zinierend. Ursprünglich kommt er aus
Südamerika, wo er im Amazonas und den
Guyana-Staaten lebt. Wildfänge sind kaum
im Handel. Es gibt Dutzende von Zuchtfor-

Clown-Skalar.

Ausgewachsener blauer Skalar.

men: wildfarbene, zebra-artig gestreifte, marmorierte, silberfarbene,
blaue, rosarote, schwarze, albinotische usw., und das alles mit nor-
malgroßen und mit Schleierflossen.
Da ist wirklich für jeden Geschmack
etwas dabei.

In den Jahrzehnten der Aqua-
rienzüchtung wurde aus der Wildform, die ziemlich anspruchsvoll
und für Einsteiger nicht zu empfehlen ist, ein Haustier, das sich so
ziemlich allen vorstellbaren Bedingungen im Aquarium anpasst. Fol-
gende Dinge sind jedoch unbedingt
zu beachten: Segelflosser ertragen
keine hektische Gesellschaft, dadurch werden sie nervös, scheu und

letztendlich krank. Flossenzupfende Fische (z. B. Blutsalmler und Sumatrabarben) sind absolut tabu für ein Segelflosser-Aquarium. Und jugendliche Segelflosser leben in Trupps. Einzeln oder in zu wenigen Exemplaren (weniger als fünf bis sechs) gepflegte Skalare sind nervös und krankheitsanfällig. Es mag Ausnahmen geben, aber darauf darf man nicht bauen. Später, wenn die Fische acht bis zehn Zentimeter Länge erreicht haben, finden sich aus dem Trupp Paare, die oft ein Leben lang zusammenbleiben. Männchen werden deutlich größer und entwickeln einen Stirnbuckel. Bei jungen Segelflossern kann man das Geschlecht noch nicht erkennen. Skalare sind Offenbrüter mit Elternfamilie. Gerne laichen sie an großen Pflanzen mit breiten Blättern, aber auch an senkrecht stehenden Steinplatten oder einer der Aquarienscheiben. Obwohl die Eltern gut pflegen, kommen in einem Gesellschaftsaquarium kaum Junge hoch. Manchmal werden im Zoofachhandel die wunderschönen „Hohen Skalare" oder „Altums" angeboten. Das ist eine andere Art und nur für sehr erfahrene Aquarianer geeignet. Man darf Segelflosser nicht unterschätzen: Es sind Buntbarsche und kleine Fische sind ihre Leibspeise, wenn sie nur ins Maul passen. Allen anderen gegenüber sind sie friedlich. Da Segelflosser aber recht groß werden, sehen sie in Fischen von der Größe eines Neons Futter. Allzu klein dürfen Mitbewohner also nicht sein. Temperatur 22 bis 28 °C.

Skalar „California".

Skalar „Red Devil".

Purpurprachtbarsch oder Königscichlide

Purpurprachtbarsch, Männchen.

Purpurprachtbarsch, Weibchen

Größe: 10-15 cm
Temperatur: 22-26 °C

Dieser wunderschön gefärbte Buntbarsch stammt aus Waldflüssen im tropischen Westafrika. Ähnlich wie beim Segelflosser sind die ursprünglichen Wildtiere nur
für erfahrene Aquarianer geeignet, aber die im
Handel befindlichen Fische sind deutlich weniger anspruchsvoll, weniger scheu und auch
weniger aggressiv als die Naturburschen, die
es gewohnt sind, den unzähligen Gefahren und
Härten des Dschungellebens zu trotzen. Neben der Naturform in zahlreichen Farbschlä-
gen gibt es auch albinotische Purpurprachtbarsche. Königscichliden leben bodennah und
ihr gesamtes Verhalten ist daran angepasst. In
der Natur fressen sie hauptsächlich totes, ver-
rottendes Pflanzenmaterial, das sie aus dem
Sand kauen. Im Aquarium darf man darum

nicht überfüttern, sie sind gute Futterverwer-
ter und neigen zur Verfettung. Der Bodengrund
sollte stellenweise aus feinem Sand bestehen,
in dem die Fische ihrem angeborenen Wühl-
drang nachgehen können. Männchen werden
größer als die Weibchen, die zudem anders
geformte Bauchflossen haben. Purpurprachtbarsche sind Höhlenbrüter. Das Weibchen be-
wacht die Eier und die frischgeschlüpften Jungen in der Höhle, das Männchen verteidigt das
Revier. Wenn die Mama mit den Kleinen die
Höhle verlässt, passt der Papa auch auf die
Babys auf. Temperatur 22 bis 26 °C.

Maronibuntbarsch

Größe: 15 cm
Temperatur: 22-26 °C

Der Maronibuntbarsch kommt in der Natur nur in einem einzigen Fluss vor, dem Maroni-Fluss in Guyana; dem verdankt er seinen Namen. Obwohl es farblich schönere Cichliden gibt, gibt es kaum friedlichere. Der Maronibuntbarsch wühlt nicht und selbst wenn er Junge führt, hat man eher den Eindruck, er versucht mit sanften Reden die anderen Fische davon abzuhalten, die Jungen zu fressen, als dass er sie wütend wegbeißt – aber wir wollen ihn nicht zu sehr vermenschlichen. Der ruhige, stattliche Fisch wird immerhin gut fünfzehn Zentimeter lang und ist ein wunderbarer Kontrastfisch zu den bunten Salmlern und anderen Schwarmfischen. Er ist ein Offenbrüter und bildet eine Elternfamilie. Die Geschlechter kann man kaum mit Sicherheit auseinanderhalten, alte Männchen haben länger ausgezogene und spitzere Flossen, aber das kann täuschen. Am besten kauft man einen kleinen Trupp Jungfische (5 bis 6 Exemplare), daraus findet sich meist ein Paar, aber auch Tiere gleichen Geschlechts vertragen sich in der Regel gut. Es ist ein wunderschönes Bild, wenn ein großes Paar Maronibuntbarsche seine vielen Jungen führt. Oft sind es solche Erlebnisse, die dazu führen, sich intensiver mit der Aquaristik zu befassen und zum fortgeschrittenen Aquarianer zu werden. Temperatur 22-26 °C.

Malawibuntbarsche

Die hier besprochenen Fische gehören zu den buntesten Fischen der Welt. Da wundert es nicht, wenn der Wunsch entsteht, sie zu Hause zu pflegen. Das ist auch leicht möglich, wenn einige Dinge beachtet werden, die für die anderen Fische in diesem Buch nicht gelten.

Die hier aufgeführten Arten stammen aus einem riesigen See des Afrikanischen Grabenbruchs, dem Malawisee (ca. 560 km lang und bis zu 80 km breit). Es handelt sich um Buntbarsche, deren gemeinsames Merkmal ist, dass die Weibchen alleine die Eier im Maul ausbrüten und manchmal auch noch die Jungtiere eine Weile betreuen. Die Männchen haben mit der Betreuung der Eier und der Jungenaufzucht nichts zu tun. Eine Paarbindung zwischen männlichen und weiblichen Fischen findet nicht statt. In der Natur versuchen alle Männchen, ein Laichrevier zu besetzen. Gelingt ihnen das, so erstrahlen sie in prächtigen Farben. Weibchen suchen das Laichrevier und das Männchen nur auf, wenn sie bereit zum Ablaichen sind. Dieses Wissen muss man haben, um das Verhalten der Fische im Aquarium richtig zu verstehen. Es gibt solche Maulbrüter auch in vielen Flüssen und weiteren Seen Afrikas, doch spielen sie aquaristisch nur eine untergeordnete

Rolle, allerdings sind einige von ihnen sehr wichtige Speisefische. Insgesamt sind 100 bis 150 Arten bzw. Standortvarianten zumindest ab und zu im Handel.

Grundsätzlich sind alle Vertreter der maulbrütenden afrikanischen Buntbarsche relativ durchsetzungsfähig und aggressiv. Für die problemlose Pflege und Zucht sind darum möglichst große, versteckreich eingerichtete Aquarien erforderlich. Anders als bei allen anderen Arten in diesem Buch muss bei Malawibuntbarschen ein chemischer Wasserwert beachtet werden, nämlich der pH-Wert, der den Säuregehalt des Wassers angibt. Dieser sollte nicht unter pH 7 fallen. Den pH-Wert kann man sehr leicht mit Tests messen, die es im Zoofachhandel gibt. Um die Wasserleitungen zu schützen, wird vom Wasserwerk darauf geachtet, dass der pH nicht deutlich unter 6 sinkt, aber je nach Wasserbeschaffenheit (entscheidend ist der Kalkgehalt) kann er im Aquarium absinken und dann wird es für Malawibuntbarsche gefährlich.

Die Tiere sind sehr aktiv und haben einen hohen Stoffwechsel, weshalb für einen großvolumigen Filter mit guter biologischer Filterleistung zu sorgen ist. Die Temperatur sollte im Bereich von 24 bis 28 °C liegen. Für Verstecke sorgt man durch Steinaufbauten (Vorsicht: unbedingt vor Unterwühlung schützen!), da Wurzeln den pH-Wert in den sauren Bereich verschieben können. Der Bodengrund ist für Felsenbewohner ohne Belang, hingegen brauchen Sandflächenbewohner auch im Aquarium zumindest stellenweise Sandboden, den sie nach Nahrungspartikeln durchwühlen können.

Melanochromis johannii.

Es gibt unter den maulbrütenden afrikanischen Malawibuntbarschen sehr viele Arten, die sich in der Natur nur von Aufwuchs (Algen und den darin enthaltenen Mikrolebewesen) ernähren, aber auch Fischfresser, Planktonfresser, Pflanzenfresser und alle möglichen Zwischenstufen. Die felsbewohnenden Aufwuchsfresser nennt man nach einer lokalen Bezeichnung „Mbunas", den Rest bezeichnen wir als „Nicht-Mbunas".

Im Aquarium werden gewöhnlich alle üblichen Sorten von Zierfischfutter (Trocken-, Frost- und Lebendfutter) gierig gefressen. Es ist unbedingt darauf zu achten, dass die Tiere nicht verfetten. Besonders Aufwuchsfresser sollten ein eiweiß- und fettarmes Futter mit einem hohen Anteil an Ballaststoffen bekommen, sonst stellen sich schwere, unter Umständen tödliche Darmerkrankungen ein.

Durch die hohe Aktivität der Tiere steigen der Keimgehalt und die Schadstoffbelastung im Wasser auch bei sehr guter Filterung relativ schnell an, weshalb der regelmäßige Teilwasserwechsel von 25 bis 50 Prozent des Beckenvolumens außerordentlich wichtig ist. Es ist bei der Pflege des Aquariums von Malawibuntbarschen stets auf klares, geruchsfreies und sauerstoffreiches Wasser zu achten.

Die hohe Aggressivität der Fische stellt die größte Schwierigkeit bei ihrer Pflege dar. Pflegt man nur wenige Exemplare zusammen, kommt es häufig vor, dass nur ein dominantes Tier übrig bleibt, das nach und nach alle anderen Beckenbewohner umgebracht hat. Ein möglichst hoher Besatz ist darum wichtig, es sollten am besten zehn bis zwölf Tiere jeder Art sein. Die Zusammensetzung der Geschlechter ist dabei nebensächlich, unterdrückte Männchen nehmen Weibchenfärbung an und werden dann vom dominierenden Tier kaum noch beachtet. Ein Aquarium

Maylandia sp. „Zebra Gold".

Maylandia aurora.

Aulonocara „Red Rubin".

für maulbrütende afrikanische Buntbarsche muss unbedingt möglichst groß sein, um bei der hohen Aggression der Bewohner genügend Ausweichraum aufzuweisen. Ein Meterbecken ist die absolute Untergrenze. Malawibuntbarsche schwimmen entlang des Substrats und entfernen sich nie sehr weit davon. Ein klassisch gebautes Aquarium, bei dem die Höhe und Tiefe etwa die Hälfte der Beckenlänge aufweisen (also 100 x 50 x 50 cm oder 120 x 60 x 60 cm), ist für die Pflege der Tiere ideal geeignet. Höher und tiefer als 70 Zentimeter sollte ein Aquarium aber aus praktischen Gründen möglichst nicht sein, sonst ist die Pflege sehr erschwert. Also sollte ein 200 Zentimeter langes Aquarium die Maße 200 x 50 x 50 oder 200 x 60 x 60 Zentimeter haben.

Man darf Malawibuntbarsche niemals mit friedlichen Kleinfischen zusammen pflegen, diese hätten keine Chance. Ein Aquarium für Malawibuntbarsche darf nur diese enthalten, höchstens Antennenwelse (Ancistrus) dürfen mit hinein, denn diese werden gewöhnlich ignoriert. Zusätzlich darf man nur Mbunas oder aber Nicht-Mbunas miteinander kombinieren. Durch die unterschiedlichen Nahrungsansprüche würden sonst die Mbunas an Verfettung sterben oder die Nicht-Mbunas verhungern. Außerdem sind die Mbunas viel aggressiver als die Nicht-Mbunas. Eine Besonderheit der Malawibuntbarsche ist eine bei vielen Arten zu beobachtende Vielfarbigkeit (Polychromatismus). Das bedeutet, auch in der Natur gibt es von der gleichen Art am gleichen Fundort sehr unterschiedlich gefärbte Tiere. Am berühmtesten sind die O- und OB-Formen. O steht für orange und OB für orange blotched, also orange und gefleckt. So kann man im Aquarium unter Umständen bereits mit einer einzigen Art ein sehr buntes Bild haben: weiße, dunkelblaue, hellblaue, orangefarbene und gescheckte Tiere. Die in der Natur sehr seltenen OB-Männchen nennt man Marmalade Cats.

Die meisten Arten werden im Alter von sechs bis neun Monaten geschlechtsreif. Sie haben dann etwa die Hälfte bis zwei Drittel der üblichen Endgröße. Die meisten Felsbewohner werden im Aquarium deutlich größer als in der Natur, was wohl auf die gehaltvollere Nahrung im Aquarium zurückzuführen ist. Im Aquarium werden alle Arten mehrere Jahre alt.

Zebrabuntbarsche

Mbunas
Größe: 8-9 cm (15 cm)
Temperatur: 24-28 °C

Wegen der großen Formenvielfalt hat man sich nur bei ganz wenigen Arten deutsche Namen ausgedacht und benutzt auch im Hobby wissenschaftliche Namen, um eine spezielle Form zu bezeichnen. Da selbst die gleiche Art im riesigen See an unterschiedlichen Orten sehr verschieden aussehen kann, fügt man sehr oft noch einen Ortsnamen hinzu. Zebrabuntbarsche findet man unter den Bezeichnungen *Maylandia*, *Metriaclima*, *Pseudotropheus*, *Tropheops* und *Cynotilapia* im Handel. Bei fast allen gibt es zumindest in bestimmten Alters- oder Stimmungslagen ein Muster aus senkrechten (Zebra-)Streifen auf blauem oder gelbem Grund. Die Weibchen können artabhängig entweder braun mit Streifen, gelb, orange oder auch grundsätzlich wie das Männchen gefärbt sein. Am sichersten erkennt man Weibchen daran,

dass sie keine oder nur wenige gelben Punkte – sogenannte Eiflecken – in der Afterflosse haben (die Afterflosse ist die hinterste Flosse am Bauch vor der Schwanzflosse). Man kann alle diese Zebrabuntbarsche miteinander kombinieren, muss sich dann aber darüber im Klaren sein, dass sich die Arten bei der Vermehrung vermischen werden. An den Mischlingen hat niemand Interesse. Da es sich kaum vermeiden lässt, dass sich Malawibuntbarsche im Aquarium vermehren und immer einige Jungtiere durchkommen, muss man sich Gedanken machen: Wohin mit den Jungen, wenn Überbevölkerung droht? Mischlinge kann man nur in den nächsten Zoo als Futterfische bringen, während sich für reinrassige Zebrabuntbarsche auch andere Aquarianer interessieren. Wer auf keinen Fall Nachwuchs haben will, kann auch eine reine Männergesellschaft verschiedener Arten pflegen. In der Natur werden Zebrabuntbarsche acht bis neun Zentimeter lang, im Aquarium über fünfzehn Zentimeter, manchmal auch noch größer.

Maylandia lombardoi.

Pseudotropheus Williamsi Namalongi.

Maylandia Callainos, zwei junge Männchen.

▶ *Cynotilapia axelrodi.*

◀ *Maylandia greshakei.*

▶ *Maylandia estherae.*

Türkisgoldbarsche

Mbunas
Größe: 8-9 cm (15 cm)
Temperatur: 24-28 °C

Die Türkisgoldbarsche oder *Melanochromis* unterscheiden sich von den Zebras auf den ersten Blick dadurch, dass

Oben: *Melanochromis auratus.*

Links: *Melanochromis dialeptos*, Chiofu.

Unten: *Melanochromis interruptus.*

sie eine Streifung aus waagerechten Bändern haben. Sonst gilt für sie alles, was für die Zebras gesagt wurde. Erstaunlich ist die Umfärbung der Tiere. Jungtiere sehen alle wie die Weibchen aus, also z. B. im Fall des eigentlichen Türkisgoldbarsches goldgelb mit pechschwarzen Bändern. Die Männchen färben sich erst mit Eintritt der Geschlechtsreife um. Weil bei Mbunas ähnlich aussehende Arten immer am ärgsten angegriffen werden, ist es am günstigsten, von jeder hier aufgeführten Gruppe jeweils nur eine Art im Gesellschaftsaquarium zu haben, also z. B. eine Zebra-Art mit einer Türkisgoldbarsch-Art etc. Auch Türkisgoldbarsche werden in der Natur kaum über zehn Zentimeter lang und im Aquarium deutlich größer.

Schabemundbuntbarsche

Mbunas
Größe: 12-15 cm
Temperatur: 24-28 °C

In der Natur herrscht immer Nahrungsmangel und der Kampf um Ressourcen gehört
zum tagtäglichen Leben. Bei den Mbunas haben sich – ähnlich wie bei Korallenfischen –
unterschiedliche Maul- und Bezahnungsfor-
men entwickelt, wodurch unterschiedliche
Nahrungsquellen optimal genutzt werden
können. Dadurch sinkt der Konkurrenzdruck
und es sind weniger Kämpfe um die Nahrungsquellen notwendig. Das wiederum bedeutet Energieersparnis und die ist für das
Überleben entscheidend. Im Aquarium spielt
das alles zwar keine Rolle, weil es Nahrung
im Überfluss gibt, aber gegen ihren Instinkt
können die Fische nichts tun. Schabemund-
buntbarsche haben ein nach unten gerich-
tetes Maul, mit dem sie ganz spezielle Algen
und die darin enthaltenen Mikrolebewesen
von den Felsen abkratzen können. Da andere Mbunas diese Ressource nicht nutzen können, begegnen sie Schabemundbuntbarschen
relativ (!) friedlich – und umgekehrt. Die Färbung von Schabemundbuntbarschen oder
Labeotropheus variiert von dicht gestreiftem
Zebramuster über flächige Körperfärbung bis
zu OB-Formen. Die Tiere werden, wie die vor-
genannten, im Aquarium zwölf bis fünfzehn
Zentimeter groß.

Labeotropheus fuelleborni „Red Top".

Labeotropheus trewavasae, Chilumba.

Labeotropheus trewavasae „Red Top Marmalade Cat".

Labidochromis

Mbunas
Größe: 8-15 cm
Temperatur: 24-28 °C

Diese Mbunas haben keinen deutschen Namen, gehören aber zu den beliebtesten Malawibuntbarschen überhaupt. Vor allem die goldgelbe Art ist ein Verkaufsschlager. Das liegt neben der herrlichen Färbung, die bei beiden Geschlechtern gleich ist, am relativ friedlichen Wesen. In der Natur haben sich diese Buntbarsche nämlich darauf spezialisiert, kleine Planktonlebewesen aus der freien Wassersäule zu picken. Da diese überall verteilt vorkommen, lohnt es sich nicht, einen bestimmten Felsen als Revier zu verteidigen – ergo sind sie vergleichsweise (!) friedlich. Neben der goldgelben gibt es weitere Arten, weiße, blaue, flächig gefärbte, gestreifte, das Verhalten ist bei allen gleich. Auch *Labidochromis* werden im See kaum über acht Zentimeter lang, im Aquarium können sie bis zu fünfzehn Zentimeter erreichen.

Labidochromis caeruleus „White blue" (oben) und *Labidochromis caeruleus* „Yellow".

Kaiserbuntbarsche

Aulonocara baenschi

Aulonocara „Firefish".

Nicht-Mbunas
Größe: 8-12 cm
Temperatur: 24-28 °C

Ganz anders als die hektischen, stets zu Rangeleien aufgelegten Mbunas sind die Kaiserbuntbarsche ruhige Tiere mit gemessenen Bewegungen. Niemals darf man sie mit Mbunas zusammen halten, das muss noch einmal betont werden. Durch Kreuzungen im Labor mit Mbunas entstanden in den letzten Jahren geradezu schreiend bunte Kaiserbuntbarsche, die unter den verschiedensten Handelsnamen wie Dragon Blood, Fire Fish und vielen anderen im Handel sind. Leider haben diese Tiere nicht nur die Farben von den Mbunas ererbt, sondern auch etwas von ihrem unberechenbaren Temperament. Oft werden diese Fische nach Jahren friedlicher Existenz plötzlich hochaggressiv. Darum muss man auch diese, gewöhnlich acht bis zwölf Zentimeter langen Tiere in großen, versteckreich eingerichteten Aquarien pflegen und immer gut im Auge behalten.

Aulonocara jacobfreibergi.

Beulenkopfmaulbrüter, Azurbuntbarsche und Schläfer

Nicht-Mbunas
Größe: 15-20 cm
Temperatur: 24-28 °C

Herrliche Großbuntbarsche sind diese strahlend blauen Fische. Bei dem Beulenkopfmaulbrüter, auch Malawi-Buckelkopf genannt, entwickeln die alten Tiere beeindruckende Kopfbuckel. Wie eine Herde Bagger ziehen bestimmte Buntbarscharten durch den See und hinterlassen tiefe Krater im Boden, wo sie nach Nahrung suchen. Dem Baggerkommando folgen die Beulenkopfmaulbrüter, die aufgescheuchte Fische und Garnelen jagen, die so schnell kein neues Versteck mehr finden. Die schnittigen Azurcichliden, von denen es mehrere Farbformen gibt, jagen ihre Beute in raschem Vorstoß. Eine ganz andere Strategie verfolgt der Schläfer. Er hat ein auffälliges Scheckenmuster – genau wie ein verwesender Fisch. Zur Jagd legt er sich auf die Seite am Boden und spielt toter Mann. Kommen dann kleine Fische, um

Männchen des Schläfers.

sich an dem Aas zu laben, werden sie selbst zum Futter für den plötzlich wieder zum Leben erwachten Schläfer. Im Aquarium fressen aber alle diese Fische gierig ganz normales Fischfutter – also Trockenfutter – nur sollte es etwas gehaltvoller als für die kleinen Fische sein, die wir bisher besprochen haben. Gut eignen sich die sogenannten Cichliden-Sticks.

Es gibt noch eine ganze Reihe weiterer Nicht-Mbunas, die ganz gut miteinander kombiniert werden können, die aber nur unregelmäßig im Handel sind. Die wichtigste Forderung dieser Tiere, die oft deutlich über fünfzehn Zentimeter lang werden, ist: Platz, Platz, Platz und nochmal Platz. Wer allerdings ein wirklich großes Aquarium aufstellen kann, kann kaum einen spannenderen und farblich schöneren Besatz als die Nicht-Mbunas wählen.

Beulenkopfmaulbrüter.

Azurbuntbarsche.

Schläfer in Jagdtracht.

Goldfische

Der Goldfisch wird seit rund 1.000 Jahren gezüchtet. Entstanden ist er in China, wo es religiöse Gründe waren, die zu seiner Domestikation führten. Es bringt nach dem Glauben der Menschen dort Glück, kleine Tiere – meist Fische oder Vögel – freizulassen. Je kostbarer ein solches Tier ist, desto mehr Glück bringt die Freilassung. Goldene Farbformen treten bei fast allen Fischen ab und zu spontan auf, überleben in der Natur aber nur sehr selten, weil ihre auffällige Farbe dazu führt, dass sie schnell gefressen werden. Da man in China damals offenbar nicht nur sehr religiös, sondern auch sehr praktisch war, setzte man die schönsten (und damit kostbarsten) in der Natur gefundenen Goldfische in Tempelteichen aus, wo man sie bei Bedarf wieder einfangen und erneut aussetzen konnte – für noch mehr Glück! In den Tempelteichen lebten auch normale, wildfarbene Goldfische (sie sind graugrün), die sich mit den seltenen Goldstücken paarten. Da der wilde Goldfisch ein Spezialist für extreme Kleingewässer ist und sich dort, wenn Feinde fehlen, massenhaft vermehren kann, kam es binnen weniger Jahre zum gehäuften Auftreten von auffällig gefärbten Goldfischen in den Tempelteichen, was letztendlich dazu führte, dass der Goldfisch zum Haustier wurde.

Im Grunde genommen ist der Goldfisch einer der am leichtesten im Aquarium zu haltenden Fische überhaupt. Als Tümpelspezialist hat er die genetischen Voraussetzungen, ein extrem breites Temperaturspektrum zwischen 0 und 32 °C zu ertragen. Er hält sogar einige Zeit völlig ohne Sauerstoff aus und wenn sein Wohntümpel austrocknet, übersteht er das auch – im Bodenschlamm vergraben! Umgekehrt kann der Goldfisch dort, wo Konkurrenz fehlt, auch in Flüssen

Goldfisch, wildfarben.

Komet.

Goldfisch, Rot-Weiß.

und Seen überleben und wird da, verglichen mit seinen Tümpelverwandten, riesengroß. Der größte je gefangene Goldfisch soll über 60 Zentimeter lang gewesen sein und drei Kilogramm gewogen haben, im Guinness-Buch der Rekorde versucht man allerdings bereits mit 40 Zentimeter langen Tieren einen Eintrag zu ergattern. Dabei beziehen sich Größenangaben immer auf die reine Körperlänge ohne Flossen. Aber normalerweise wird der Goldfisch in der Natur nicht über 15 Zentimeter lang, die überwältigende Mehrzahl gehört zur Größenklasse acht bis zwölf Zentimeter, wohlbehütet in großen Gartenteichen werden sie 20 bis 25 Zentimeter lang. Wie geht das? Goldfische haben ein sehr großes Genom. Welche Gene davon aktiv werden und welche nicht, wird weitgehend von Umweltfaktoren gesteuert (Epigenetik). So erklärt sich die ungeheure Anpassungsfähigkeit des Goldfisches und seine Variabilität beim Größenwachstum.

Heutzutage wird oft die Ansicht vertreten, die Pflege von Goldfischen im Aquarium sei wenig artgerecht, da sie dort kaum jemals ihre maximale Größe erreichen können. In Wirklichkeit wird dabei jedoch die seltene Ausnahme, also ein sehr groß werdender Goldfisch, zur Regel erhoben. Man kann im Gegenteil sagen, dass die Pflege von Goldfischen im Aquarium besonders artgerecht ist, da sie einerseits das bevorzugte Vorkommen der Spezies in Kleinstgewässern imitiert und dabei andererseits alle Extremfaktoren (Hitze, Kälte, Nahrungsmangel, Trockenzeiten), die in diesen Gewässern früher oder später immer zum frühzeitigen Tod der dort natürlich lebenden Goldfische führen, eliminiert. In der Natur lebt ein wilder Goldfisch wohl nie länger als etwa fünf Jahre, im Aquarium und Gartenteich sind 10 bis 20 Jahre normal und 43 Jahre sind verbürgt; dabei wurde letzterer, ein Tier namens „Tish", zeitlebens in aus heutiger Sicht viel zu kleinen Behältern im Zimmer gehalten. Dennoch sollte ein Goldfischaquarium möglichst groß sein. Gut sind 120 x 60 x 60 Zentimeter, also rund 420 Liter Inhalt, größer darf es gerne sein, kleiner möglichst nicht. Auf gar einen Fall darf man Goldfische in sogenannten Goldfischglocken halten, das wäre wirklich Tierquälerei, da ein Goldfischglas kein funktionsfähiges Aquarium ist.

Für die Pflege von Goldfischen gilt ansonsten alles, was im Kapitel über Barben gesagt wurde, denn zu diesen gehören die Goldfische – zoologisch gesehen. Mit anderen Fischen kombiniert man Goldfische besser nicht, auch wenn Goldfische friedliche Tiere sind, die sich mit den meisten anderen Fischen vertragen würden. Aber Goldfische sind sehr verfressen; daher futtern sie anderen Fischen zu viel weg. Der Pfleger füttert dann mehr, damit die anderen auch etwas bekommen, was langfristig zu verfetteten und damit kranken Goldfischen führt. Darum besser nur Goldfische im Goldfischaquarium. Da alle Varianten, also einfache Goldfische, Schleierschwänze, Kometen, Drachenaugen, Ranchus etc. zur gleichen Spezies gehören, kann man sie uneingeschränkt miteinander kombinieren, was auch ein sehr buntes Bild ergibt; allerdings empfehlen sich für den Anfang nur Zuchtformen, die im Körperbau dem einfachen Goldfisch noch ähnlich sind, denn die gedrungen gebauten Hochzuchttiere (Schleierschwanz & Co.) sind für Einsteiger in die Fischpflege zu empfindlich.

Man kann niemals Goldfische kaufen, die kleiner als vier bis fünf Zentimeter sind, denn vorher haben alle Goldfische noch die Färbung der wilden Tiere. Erst ab dieser Länge entwickeln sich die bunten Farben. Man muss darum bei jungen gescheckten Goldfischen auch immer damit rechnen, dass sich ihre Musterung noch verändert. Männchen und Weibchen kann man bei jungen Goldfischen nicht unterscheiden. Bei Tieren ab dem Eintritt der Geschlechtsreife, dann haben sie meist eine Länge von ca. sechs bis acht Zentimetern, erkennt man die Männchen zuerst am Verhalten – sie treiben andere Goldfische und „schnüffeln" an ihrer Bauchpartie wie kleine Hunde – und an der zierlicheren Figur. Voll brünstige Männchen entwickeln kleine Pickelchen auf den Kiemendeckeln und am ersten Brustflossenstrahl.

Abschließend muss ein sehr unschönes Thema angesprochen werden: Goldfische werden, wie gesagt, recht alt. Manchmal ändern sich die Lebensumstände und man kann sie nicht weiter pflegen. Dann darf man Goldfische (und alle anderen Tiere auch) niemals in die freie Natur

Shubunkin.

aussetzen. Damit können Krankheitserreger auf die wildlebenden Tiere übertragen werden, was schlimmstenfalls zum Aussterben ganzer Arten führen kann. Gerade Goldfische sind z. B. in Australien, aber auch in anderen Teilen der Welt, zu echten Landplagen geworden und gefährden Tausende wilder Tiere. Wenn man sich also nicht mehr um sie kümmern kann und keine neuen Besitzer für sie findet, muss man Goldfische ins Tierheim bringen.

Einfacher Goldfisch

Größe: 8–25 (60) cm
Temperatur: 15–25 °C

Meist wird er in rotgoldener oder gelbgol-
dener Farbe gezüchtet, er kann jedoch jede
Goldfischfarbe haben, als da wären: weiß (sehr
selten, weil in Asien weiß die Farbe des Todes
und der Trauer ist, weshalb man sie nicht mag),
gescheckt (rot-weiß, rot-schwarz, schwarz-
weiß, schwarz-weiß-rot, gelb-weiß), schwarz,
bronzefarben, kaliko (also rot-schwarz-weiß-
blau-gelb) und das alles in normalschuppig –
dann haben die Schuppen einen metallischen
Glanz – und matt. Bei matten Fische sind die
Schuppen transparent, sie können allerdings
auch ganz oder teilweise fehlen. Der einfache
Goldfisch ist die robusteste Form und für Einsteiger am besten geeignet.

Goldfisch, Super-Red.

Einfacher Goldfisch. mit transparenten Schuppen (= matt).

Goldfisch, Gelb-Weiß.

Goldfisch, messingfarben.

Komet

Komet, Schwarz-Weiß.

Schwarzer Komet.

Größe: 8-25 (60) cm
Temperatur: 15-25 °C

Sarasa Komet.

Der Komet ist ein einfacher Goldfisch, bei dem alle Flossen verlängert sind. Er kann in allen Goldfischfarben auftreten, doch am beliebtesten sind rot-weiße Schecken, Sarasa genannt, und kalikofarbene Tiere, sogenannte Shubunkin. Der Komet ist ebenfalls sehr robust und ein ausgezeichneter Einsteigerfisch.

Shubunkin.

Wakin

Größe: 8-25 (60) cm
Temperatur: 15-25 °C

Auch der Wakin ist bezüglich des Körperbaus ein einfacher Goldfisch, doch ist bei ihm die (kurze) Schwanzflosse verdoppelt. Er kann ebenfalls in allen Farben auftreten, wird jedoch meist als rot-weiße Schecke (Sarasa) gezüchtet. Man bezeichnet diese Form auch als Hoe Kim.

oben und unten
Wakin Hoe Kim.

Register

Unter der angegebenen Seitenzahl finden Sie sowohl den deutschen als auch den gültigen wissenschaftlichen Namen. Mit einem Querverweis sind synonyme oder veraltete Namen gekennzeichnet, die gelegentlich noch im Handel verwendet werden.

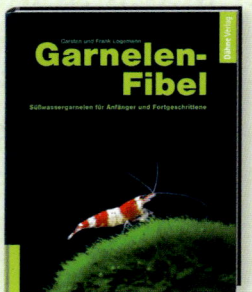
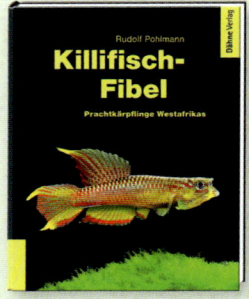